太 阳

[美] 贝丝·阿莱西（Beth Alesse）—— 编著

乔 辉 —— 译

世界图书出版公司
北京·广州·上海·西安

图书在版编目（CIP）数据

太阳 /（美）贝丝·阿莱西编著；乔辉译. —北京：世界图书出版有限公司北京分公司，
2022.5
ISBN 978-7-5192-8321-6

Ⅰ.①太… Ⅱ.①贝… ②乔… Ⅲ.①太阳—研究 Ⅳ.①P182

中国版本图书馆CIP数据核字（2021）第033539号

书　　名	太阳	
	TAIYANG	
著　　者	[美]贝丝·阿莱西	
译　　者	乔　辉	
责任编辑	王思惠	
封面设计	沙逸云	
出版发行	世界图书出版有限公司北京分公司	
地　　址	北京市东城区朝内大街137号	
邮　　编	100010	
电　　话	010-64038355（发行）　64033507（总编室）	
网　　址	http://www.wpcbj.com.cn	
邮　　箱	wpcbjst@vip.163.com	
销　　售	新华书店	
印　　刷	河北鑫彩博图印刷有限公司	
开　　本	787mm × 1092mm　1/16	
印　　张	8	
字　　数	136千字	
版　　次	2022年5月第1版	
印　　次	2022年5月第1次印刷	
版权登记	01-2019-7107	
国际书号	ISBN 978-7-5192-8321-6	
定　　价	49.80元	

目录

图片来源：美国国家航空航天局（NASA），太阳动力学观测台（SDO）

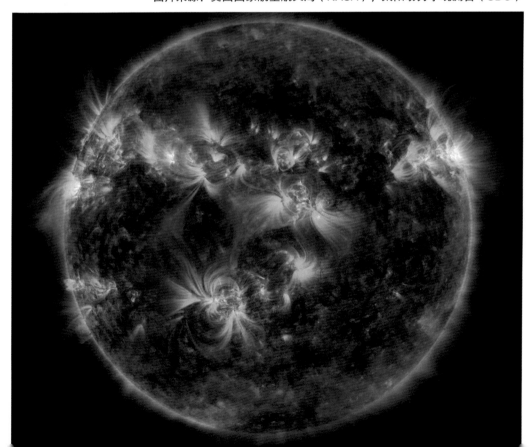

序言

《太阳》这本书的特点是拥有大量精美的插图。这些图片中有一些是历史性和技术性的图片，用今天的眼光来看略显粗糙；有一些是由目前最先进的地面仪器和太空探测器生成的图片。早期的图片描绘了人类对太阳泽被万物的理解，这一点体现在中国古人对太阳黑子的文献记载当中，这也是人类历史上最早的太阳观测记录。

了解了太阳的节律和活动模式，就能够理解季节和气候并对其进行成功预测。时至今日，我们仍然利用地面上的精密仪器和地球轨道中的卫星、绕太阳飞行的探测器对太阳进行持续的观测和记录。这些数据会帮助我们理解太阳、理解太阳系的动力学环境，以应对危险的空间天气，为太空旅行和太空探索保驾护航。

本书的大部分图片来自美国国家航空航天局（NASA），还有一部分来自美国林务局（USFS）和美国农业部（USDA）。这些图片大多是利用卫星和地面望远镜拍摄的，这要归功于美国国家航空航天局及其分布在世界各地的合作机构。通常，要把不同仪器收集的数据信息整合在一起，尤其是那些可见光之外的影像或肉眼无法直接安全观察到的图像，再将观测到的数据资料进行可视化处理，正如下面这幅由帕克太阳探测器（Parker Solar Probe）探测的数据生成的图像一样，虽然不是照片，但却能够帮助科学家在对太阳的认识上迈进一大步。

我已尽量标注了书中所有图片的出处，但有时相似图片在不同网站给出的出处却不相同。如果发现本书图片有遗漏出处的情况，请与我联系，不妥之处将在未来的新版中修正。

贝丝·阿莱西
BAlesse@AmherstMedia.com

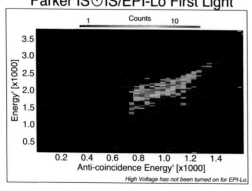

有关太阳的一些事实

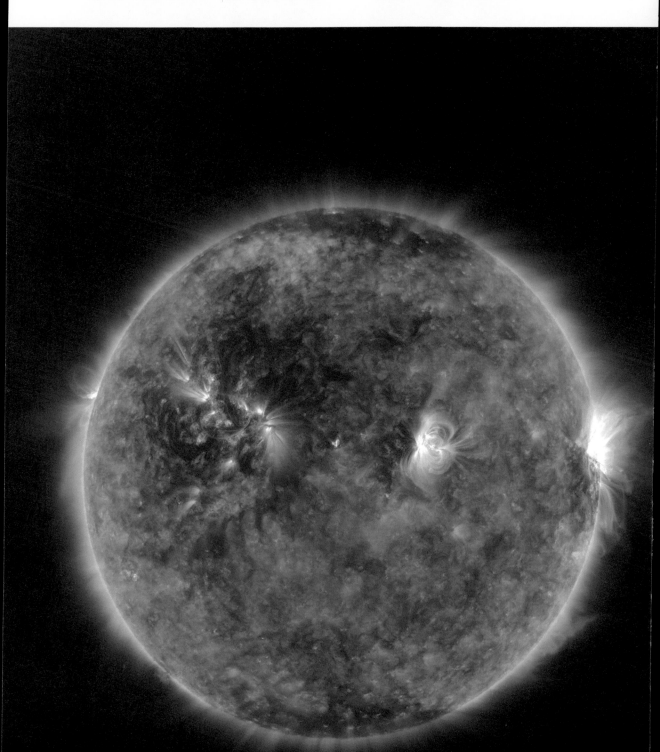

位置和邻近天体

太阳位于银河系中。银河系是一个棒旋星系，其两个主旋臂从中心棒的群星中旋转而出。

下图是两主旋臂银河系模型，也有观点认为有四个主旋臂。这两个主旋臂分别称为"盾牌座－半人马座"（Scutum–Centaurus）旋臂和"英仙座"（Perseus）旋臂。另外，"矩尺座"（Norma）旋臂和"射手座"（Sagittarius）旋臂等作为副旋臂存在。图中的气泡结构是恒星形成区域。

太阳位于银河系的"猎户座"（Orion）副旋臂当中，该旋臂又称为"猎户射电支"（Orion Spur）。半人马座阿尔法（Alpha Centauri）是距离我们最近的恒星系统，位于4.37光年处。该恒星系统由三颗恒星构成，其中，半人马座A星和B星首先构成双星系统，然后较小的半人马座C星再围绕A和B两颗星运行。半人马座C星就是著名的"比邻星"（Proxima Centauri），距离我们4.2光年。

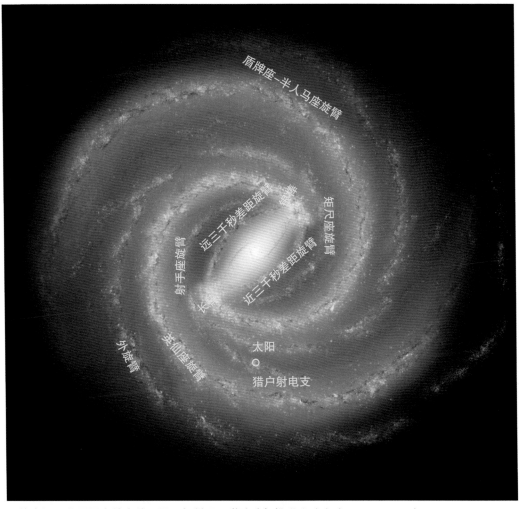

图片来源：美国国家航空航天局，加州理工学院喷气推进实验室（JPL–Caltech）
图片来源（前页）：美国国家航空航天局，太阳动力学观测台，大气成像仪（AIA）

图片来源：美国国家航空航天局，美国海军研究实验室（NRL），帕克太阳探测器

芸芸众星之一

银河系包含至少1000亿颗恒星，太阳只是其中的一颗（上图）。但也有科学家估计，银河系内恒星的数量可能多达4000亿颗。

上面这张图片是由帕克太阳探测器上搭载的仪器拍摄的，也是该探测器拍摄的首批照片之一。图片的左半部分由探测器上的外部相机拍摄，右半部分由内部相机拍摄。2018年帕克太阳探测器发射升空，之后就拍摄了这张银河系照片，目的是对搭载的仪器进行测试。当然，该探测器主要是对太阳进行探测。图片中右侧的亮星其实是木星。

重金属恒星

　　太阳是一颗重金属恒星。下图是一张由哈勃望远镜拍摄的球状星团（NGC 6496）照片，该星团中含有高比例的重金属恒星。在天文学中"重金属"是指比氢和氦重的元素。相应地，重金属恒星是指该恒星除了氢和氦之外，还包含有其他更重的元素。

图片来源：美国国家航空航天局，欧洲航天局（ESA）

上图是一张在国际空间站上拍摄的"日出"照片。由于空间站绕地球高速运动，每天有多达16次的日出。照片中还能看到为空间站提供电能的太阳能电池板。

太阳的年龄和诞生

太阳和太阳系大约形成于46亿年前，这是天文学家通过建模以及对古代陨石的研究得出的结论。有些陨石和太阳系同时形成，封存了太阳系形成的重要线索。

太阳是从一块巨大的分子云中诞生的，它可能是被附近超新星爆发的冲击波压缩的。随后，云团中的物质就靠引力束缚在一起了。其中，大部分物质坍缩到中心，形成一个致密的核心。核心内部，持续上升的高温高压最终导致了核聚变反应。剩余的物质形成一个盘状结构，围绕太阳运动，盘中的物质最终形成了今天的各大行星。据天文学家估计，太阳正处于中年时期，还有50亿年的寿命。

恒星物质的回收利用

太阳并不是第一代恒星，甚至也不是第二代恒星。第一代恒星和第二代恒星分别被称为星族Ⅲ恒星和星族Ⅱ恒星。天文学家认为，太阳是第三代恒星，又被称为星族Ⅰ恒星。理论上，星族Ⅲ恒星是宇宙大爆炸之后形成的第一代恒星，它们主要由氢和氦组成。这批恒星结束周期的时候，发生超新星爆炸，把物质散播到宇宙空间，这些物质继续通过引力坍缩形成星族Ⅱ恒星，也就是第二代恒星。到目前为止，星族Ⅱ恒星是人类能够观测到的最古老的恒星。星族Ⅲ和星族Ⅱ恒星创造了元素周期表中除氢和氦之外的所有元素。

太阳是一颗年轻恒星，除了氢和氦之外，还富含更重的元素。这些更重的元素都是早期在恒星内部，通过氢和氦发生核聚变反应而产生的。在天文学家眼里，这些比氢和氦更重的元素都是重金属元素。在年轻的恒星中，重金属元素比较丰富，这是因为它们是在前几代恒星的灰烬中诞生的。

太阳的元素组成

太阳上最丰富的元素是氢（73.46%）和氦（24.85%）。其他元素包括：氧（0.77%）、碳（0.29%）、铁（0.16%）、氖（0.12%）、氮（0.09%）、硅（0.07%）、镁（0.05%）和硫（0.04%）。

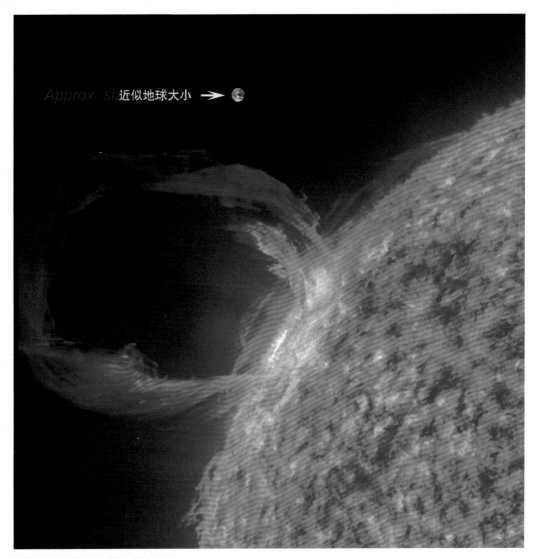

图片来源：美国国家航空航天局

太阳的大小

太阳的直径大约139万千米，是地球直径的109倍。太阳的质量大约是地球质量的33万倍。如上图所示，地球即便在一个日珥（prominence）面前，也显得相形见绌。

宜居带

太阳到地球的距离大约1.5亿千米。天文学家把该距离称为一个天文单位（astronomical unit），简称AU。地球恰好处于太阳的"宜居带"（The Habitable Zone）——也被称为"适居带"（The Goldilocks Zone）。所谓的宜居带，是指行星距离恒星远近合适的区域，在这一区域内，恒星传递给行星的热量适中，既不会太热也不会太冷，能够维持液态水的存在。金星、火星和地球都是太阳系中位于这一区域的行星。目前，天文学家对宜居带的了解正在不断加深。在其他恒星周围也可能存在宜居带，例如开普勒-186恒星系统（下图）。恒星周围的宜居带受恒星的大小和年龄等因素的影响。

拥有生命的恒星系统

太阳是地球生命之源。太阳作为辐射源，虽然能够为地球生命提供能量，但是也能够对地球上的生命造成伤害。幸亏地球有磁场保护，能够阻止过多的太阳高能粒子抵达地球表面。因此，太阳辐射和地球磁场共同构建了一颗宜居的星球。

太阳的日球层（heliosphere）延伸至太阳风与星际介质的交汇面，像保护罩一样包围着太阳和行星，保护太阳系免受星际中辐射和恒星系统之间的空间物质的影响。

图片来源：美国国家航空航天局

等离子体：物质存在的一种形态

物质通常以四种状态存在：固体、液体、气体和等离子体。当温度变化时，物质可从一种状态转变为另一种状态。生活中，我们对等离子体的感知比较少，这是因为

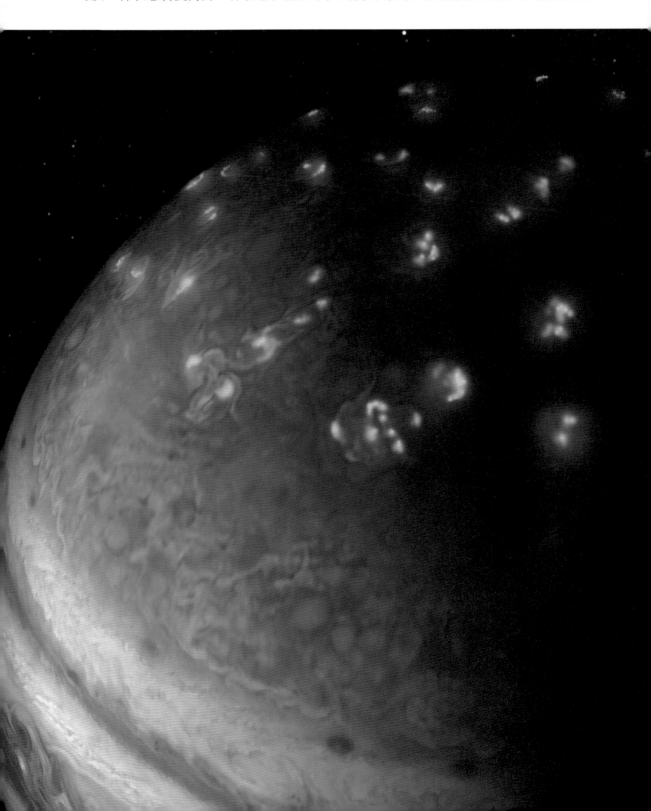

等离子体非常炽热，很难接近。例如，闪电是自然界存在的一种等离子体，霓虹灯内的放电气体是人工制造的等离子体。等离子体是一种处于电离状态的气体，由带正电荷和带负电荷的离子组成，因此是可以导电的。电场和磁场都可以用来控制等离子体。例如，当闪电寻找放电通路时，如果恰好遇到某个带电区域，那么就会通过该区域进行放电。

　　森林中的大火（右上图）不是等离子体，除非其气体中有足够多的分子被电离。当原子或分子失去或得到电子时，就会发生电离。另一些有关等离子体的例子是，俄罗斯联盟号飞船重返地球大气层产生的热量（右下图）、木星上的闪电（前页图）以及霓虹灯招牌。

太阳中的等离子体

　　太阳中的等离子体是气体在极端高压下产生的。太阳核心的氢和氦的等离子体已经完全电离。当对原子进行加热、辐射和放电时，都有可能将其转变为等离子体。

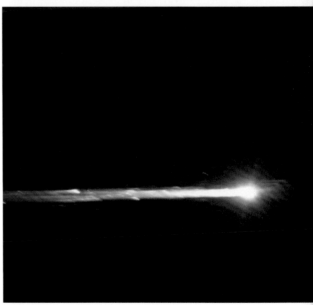

图片来源（上图）：迈克·麦克米伦（Mike McMillan），美国林务局，美国农业部
图片来源（下图）：美国国家航空航天局
图片来源（前页）：美国国家航空航天局，加州理工学院喷气推进实验室，美国西南研究院（SwRI），朱诺卡姆成像仪（JunoCam）

太阳的结构层次

我们无法看到太阳的内部。根据光谱分类，太阳是一颗G型的主序星。因此，我们对遥远的G型主序星的认识会加深我们对太阳的理解。同样，我们对太阳的理解也适用于了解这些遥远的恒星。我们通过观测获得数据，然后进行计算和理论分析，就能推测出太阳的内部结构。

核心

太阳核心的半径占太阳半径的25%。核心通过把氢聚变成氦产生能量。其中心温度可达1500万摄氏度，密度同样高得吓人，相当于黄金密度的10倍。核心的边缘，温度下降了一半，密度也只有1/7，聚变反应在这个区域几乎完全停止。核心区的物质完全是等离子体形态。

辐射区

太阳核心产生的能量以光子的形式穿过辐射区。虽然光子以光速传播，但是太阳这部分区域的物质密度仍然非常大，光子甚至需要一百万年的时间才能抵达辐射区与对流区的交界面。该交界面有一个专业名词，叫作"差旋层"（Tachocline）。辐射区从底部到顶部，温度从700万摄氏度降低到大约200万摄氏度，密度也大约由黄金的密度降为水的密度。

图片来源（后页）：美国国家航空航天局

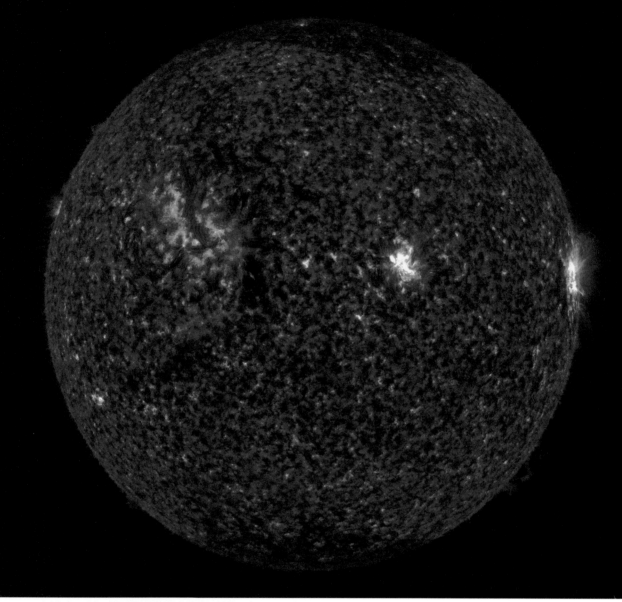

图片来源：美国国家航空航天局

对流区

太阳对流区的名字来源于"对流"这种物质运动形式。我们知道，在液体或气体中，由于重力的作用，温度高、密度小的物质上升，温度低、密度大的物质下降。当温度高的物质上升到顶部后，遇冷密度变大，开始下降；下降到底部后遇热，然后再次上升。这种物质的运动形式叫"对流"。

太阳表面存在许多叫作"米粒组织"或"超级米粒组织"（上图）的区域，这些区域就是太阳表层之下对流层活动的体现。美国国家航空航天局的太阳动力学观测台

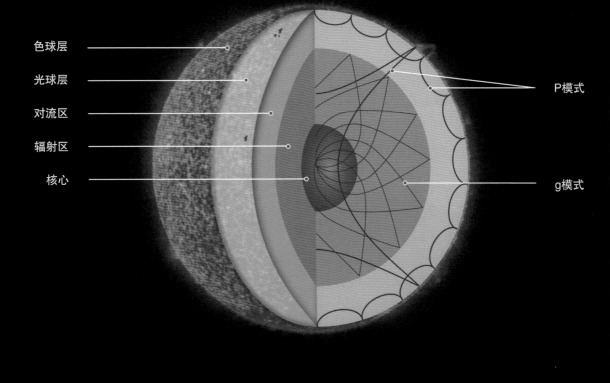

色球层

光球层

对流区

辐射区

核心

P模式

g模式

图片来源（上图）：美国国家航空航天局
图片来源（下图）：美国国家航空航天局，马歇尔航天中心（MSFC），戴维·哈撒韦（David Hathaway）

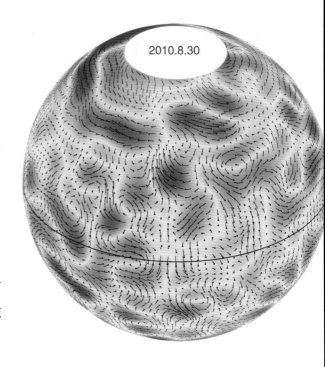

2010.8.30

观测到太阳表面一个很大的对流区域（上图和后页上图）。当炽热的物质上升并冷却后，它将重新沉入太阳表面之下。

差旋层

前文我们提到，差旋层是辐射区与对流区的交界层。天文学家认为，太阳的磁场就是起源于这里。

光球层

光球层通常被看作是太阳的表面，我们也可以认为它是太阳大气的最低层。光球层的厚度大约400千米，顶部温度大约3700摄氏度，底部温度大约6200摄氏度。

当我们看太阳照片的时候，可以通过观察米粒组织来识别光球层。如下图所示，橙色和黄色的米粒组织散布在太阳的表面。太阳的米粒组织可以通过地面望远镜观察（上图）。另一张照片（下图）展示了用极紫外线观察到的太阳的米粒组织。

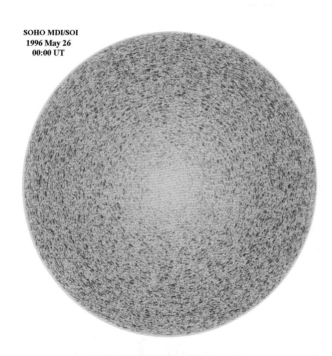

SOHO MDI/SOI
1996 May 26
00:00 UT

米粒组织的大小不一，最大可达数千千米。单个的米粒组织寿命很短，通常不到一个小时。在任何时候，太阳表面的米粒组织总量都可达数百万个。米粒组织周围黑暗区域的温度比其中心明亮区域的温度要低。

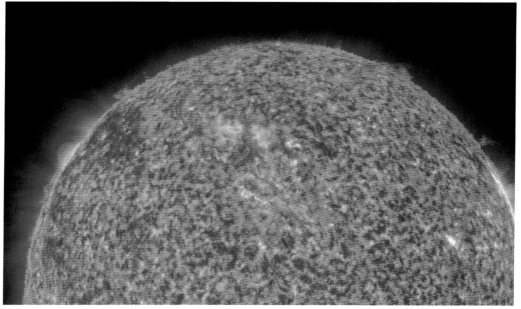

图片来源（上图）：美国国家航空航天局，马歇尔航天中心，戴维·哈撒韦
图片来源（下图）：美国国家航空航天局

在米粒组织之下，深入到对流层，那里有超级米粒组织层。超级米粒组织的寿命更长一些，可长达24小时。

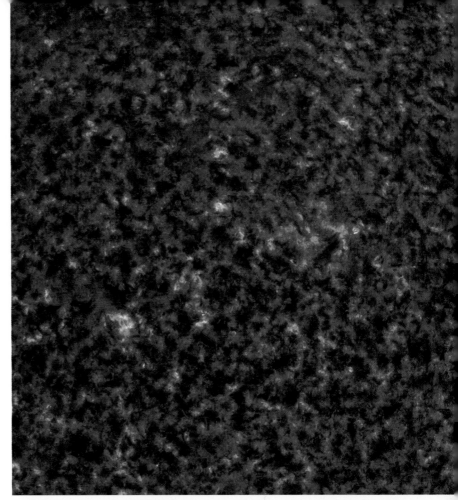

图片来源：沙默尔（G. Scharmer），瑞典真空太阳望远镜（Swedish Vacuum Solar Telescope）

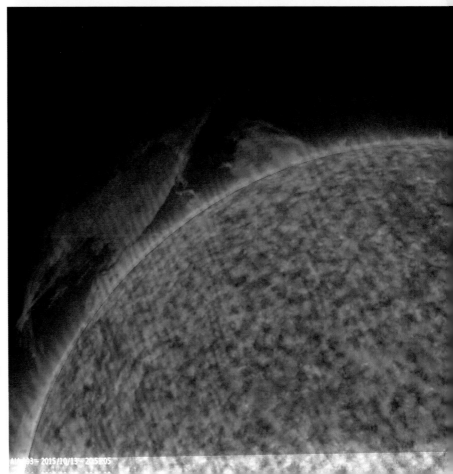

图片来源：美国国家航空航天局

图片来源（本页、后页）：美国国家航空航天局，太阳动力学观测台

太阳像行星一样，也有大气层包围。太阳大气层有两个主要的结构：色球层和日冕。色球层和日冕之间有一个过渡区域。太阳的大气是极端变化的，这一点可以通过上面两幅图的对比看出来，这两幅图的拍摄只间隔了三天。

色球层

色球层位于从光球层底部起算的大约400千米处，一直延伸到大约2100千米处。通常情况下，离太阳中心越远的地方温度越低，但色球层是个例外。色球层的温度从底部的大约3700摄氏度上升至顶部的大约34 000摄氏度。

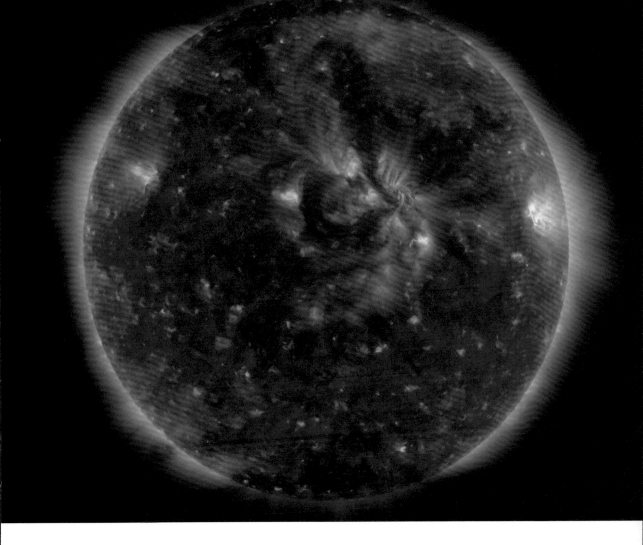

过渡区

　　色球层和日冕层的过渡区域厚度大约100千米，但温度却从底部的约34 000摄氏度蹿升至顶部的约50万摄氏度。

日冕

　　日冕距离太阳表面大约2100千米。温度高达50万摄氏度，甚至能够达到几百万摄氏度。日冕的温度受太阳活动的影响非常大。

　　在发生日全食的时候，我们可以通过特殊的滤片或日冕仪观看日冕，绝不能直接用眼睛观看。

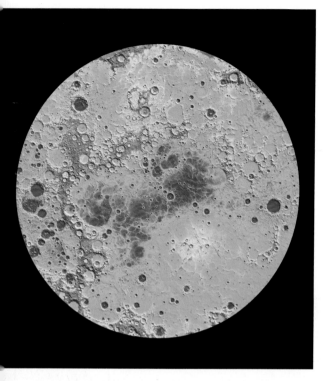

太阳系中的行星

　　太阳系中有八大行星、五颗矮行星以及大量的天然卫星。离太阳最近的四颗行星都是岩石行星，依次是水星、金星、地球和火星。这四颗行星都有一个铁质核心和一个由硅酸盐组成的地幔，因此它们有一个几乎是固体的表面。这些行星的照片是通过多种仪器拍摄到的。需要强调的是，这里并没有体现出它们的相对大小。

　　水星（上图）是离太阳最近的行星，拥有微弱的磁场和极其稀薄的大气层。水星表面温度在白天可达450摄氏度，在晚上降低到零下170摄氏度。

　　金星是离太阳第二近的行星，也是太阳系内温度最高的行星，表面温度可达462摄氏度。金星覆盖有一层富含硫酸的不透明的浓厚大气，且没有磁场保护。这张图（下图）表现的是透过模糊的云层观察到的金星表面情况。图片是利用金星探测器搭载的雷达得到的信息合成的。据推测，任何自由的氢都被太阳风带离金星进入太空了。

图片来源（本页）：美国国家航空航天局

地球（上图）是离太阳第三近的行星。地球有磁场保护，该磁场能够阻挡太阳风中的带电粒子进入大气层底部。地球磁场源于液态的金属外地核，液态外地核中物质做对流运动，在科里奥利力（Coriolis force）的作用下形成了磁场，这与太阳内部等离子的对流运动形成太阳磁场的机制类似。这就是天体磁场起源的"发电机理论"（dynamo theory）。地球上的生命在磁场的保护下，能够免于太阳风和宇宙射线的伤害，并在温暖的阳光照耀下茁壮成长。

火星（下图）是离太阳第四近的行星，通常看起来微微泛着红光，这可能是其大气层中含有氧化铁颗粒的缘故。40亿年前，火星曾经有过全球性的磁场，但今天只在某些局部区域存在微弱的残留磁场。失去磁场的保护，火星在太阳风的长期吹拂下，大气层变得越来越稀薄，这使得火星更容易遭受太阳风的影响。

图片来源（本页）：美国国家航空航天局

　　木星（上图）距离太阳大约有7.78亿千米，大约是地球与太阳距离的5.2倍，也就是5.2个天文单位。有趣的是，木星辐射出的能量要大于从太阳获得的能量，这是因为木星还在不停收缩当中，重力势能转化为热能的缘故。

　　土星（下图）距离太阳大约有14.3亿千米，大约是地球与太阳距离的9.5倍，也就是9.5个天文单位。土星围绕太阳的公转周期是29.5个地球年。

图片来源（本页）：美国国家航空航天局

天王星（上图）是距离太阳第七远的行星，距离太阳大约28.75亿千米，相当于19.2个天文单位。

海王星（下图）是距离太阳第八远的行星，距离太阳大约45亿千米，相当于30.1个天文单位。海王星围绕太阳的公转周期是164.8个地球年。

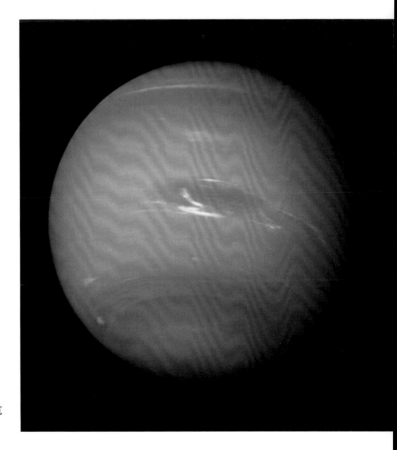

图片来源（本页）：美国国家航空航天局

日球层尾

　　在宇宙视角下，太阳像彗星一样，也有一个尾巴（下图）。这个尾巴是由星际物质对太阳风施加压力造成的，尾巴的指向反映了压力的方向。尽管看上去日球层尾是从太阳延伸出去的，但是到达这里的等离子体受到星际物质压力的影响，其实要比受到太阳的影响大。

图片来源（本页、后页）：美国国家航空航天局

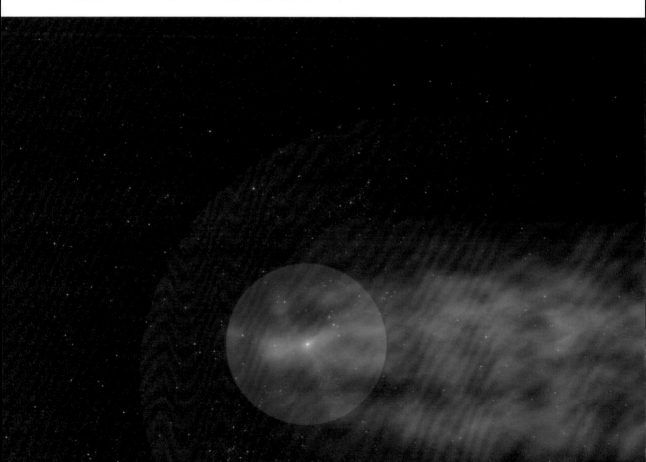

右图描绘的是直视太阳时日球层的切面图，它展示了尾巴的样子。由图可见，红色是温度较高的区域，该区域的等离子体源于太阳两极。

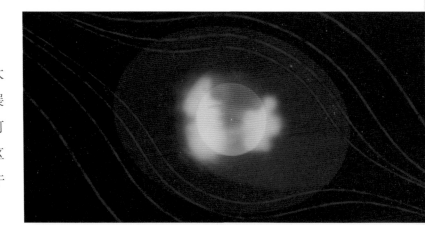

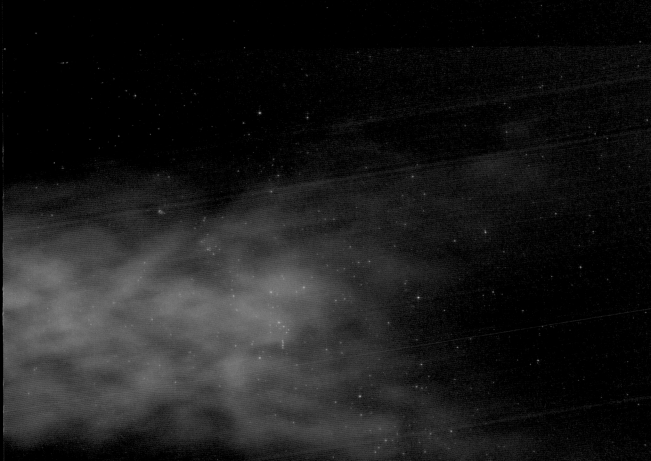

探测太阳的仪器和太空任务

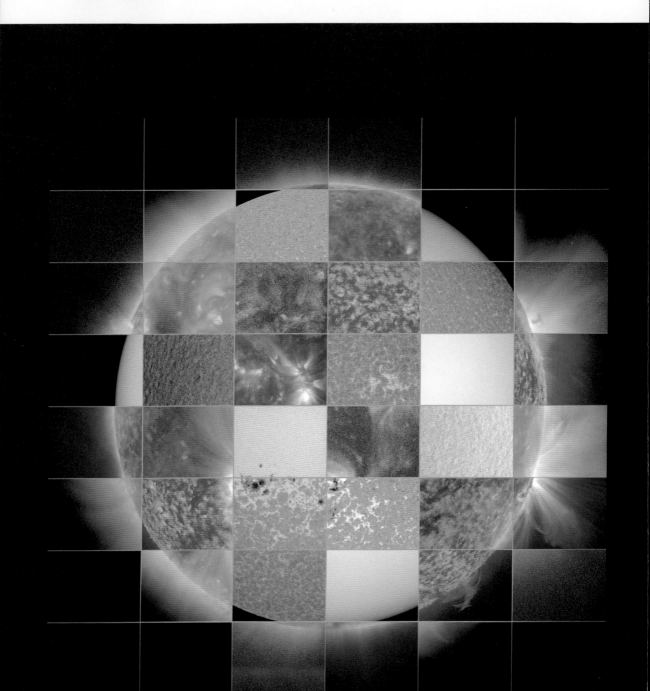

美国国家航空航天局的太阳探测任务

美国国家航空航天局执行过许多研究太阳和地球关系的太空任务。这些太空任务搜集的数据有助于科学家对太阳、对地球周边环境以及对整个太阳系的理解。

1958年1月，美国发射了"探险者1号"（Explorer 1）卫星（右上图），这是他们首个搭载科学仪器的太空任务。当时，由于没有电子计算机，整个任务所需的复杂计算全靠科学家（右中图）手工完成。"探险者1号"是人类首颗探测地球范艾伦辐射带，并收集到数据的卫星。范艾伦辐射带含有大量来自太阳风的带电粒子，这些粒子是被地球磁场俘获的。

图片来源：美国国家航空航天局

1958年10月，美国国家航空航天局成立。从那以后，美国国家航空航天局执行了多次太空任务。这些任务积累了大量的数据，加深了人类对太阳的理解。随着收集数据的仪器变得越来越精密和复杂，我们拍摄的太阳图像也得到改善。下面这些图像分别来自"太阳和日球层观测台"（SOHO）、"日地关系观测台"（STEREO）和"太阳动力学观测台"（SDO）这三个太空探测器。仔细观测发现，这些图像的分辨率和质量在逐渐提高。

图片来源（前页、下图）：美国国家航空航天局，太阳动力学观测台

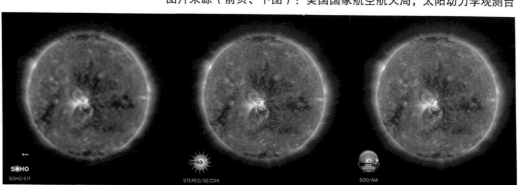

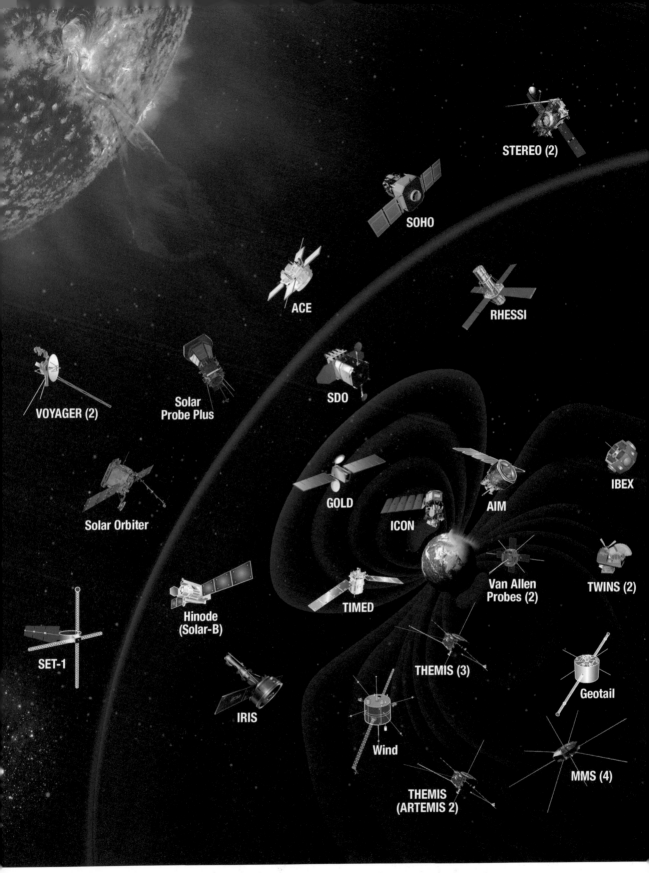

STEREO (2)

SOHO

ACE

RHESSI

VOYAGER (2)

Solar
Probe Plus

SDO

Solar Orbiter

GOLD

ICON

AIM

IBEX

SET-1

Hinode
(Solar-B)

TIMED

Van Allen
Probes (2)

TWINS (2)

IRIS

THEMIS (3)

Geotail

Wind

THEMIS
(ARTEMIS 2)

MMS (4)

图片来源（本页、后页）：美国国家航空航天局

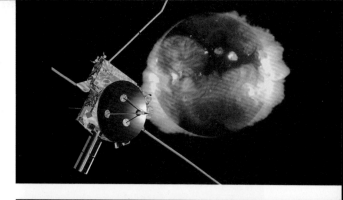

这是美国国家航空航天局发射过的一些太阳探测器，下面我们来简单描述一下。

"尤利西斯"探测器（Ulysses，右上图）由美国国家航空航天局和欧洲航天局联合研制。1990年，该探测器由"发现号"航天飞机搭载升空，2009年任务完成后便中断通信了。在观测期间，"尤利西斯"发现：太阳磁场对太阳系的影响比之前认为的情况更加复杂；太阳两极磁场比之前观测到的要弱；太阳风在变弱；从外太空进入太阳系的尘埃浓度超出预期30倍。

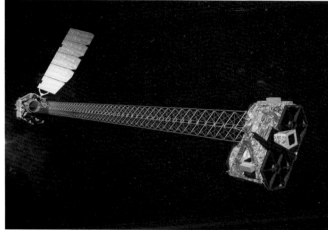

"核分光望远镜阵"（NuSTAR，右中上图）是观测高能X射线的探测器，它通常用来对遥远的深空天体进行观测，但也可以对太阳发出的高能X射线进行观测。科学家通过把由"核分光望远镜阵"观测到的高能X射线图像与"太阳动力学观测台"观测到的极紫外线图像进行叠加，就可以得到一个复合图像，这样就能够对太阳有更加全面的理解。

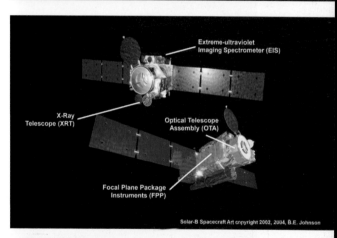

"日出号"（Hinode，右中下图）是日本宇宙航空研究开发机构（JAXA）与美国、英国合作的太阳探测器，目的是研究太阳磁场与日冕的相互作用。

"太阳高能光谱成像探测器"（RHESSI，右下图）是第一个在伽马射线波段对太阳耀斑成像的探测器。它的目标是探索太阳带电粒子的加速机制以及太阳耀斑能量的释放机制。

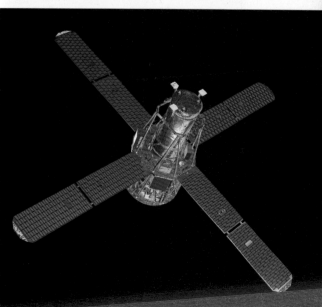

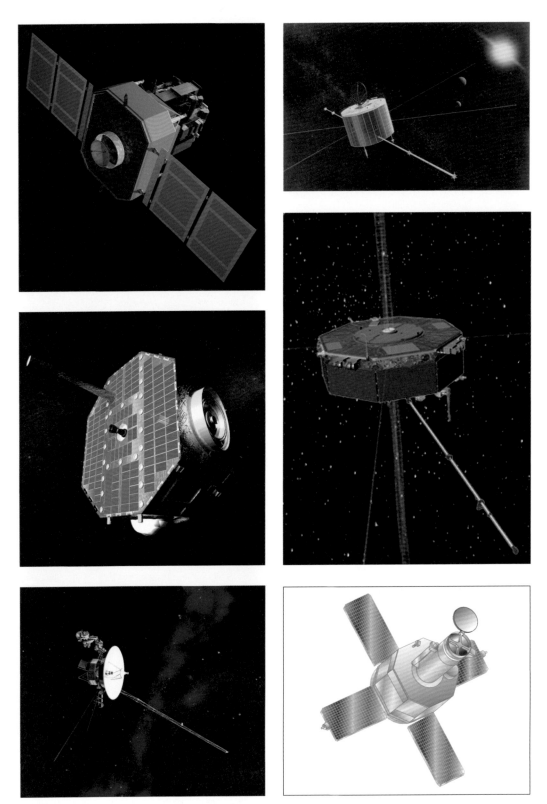

图片来源（本页、后页）：美国国家航空航天局

"太阳和日球层观测台"（前页左上图）是欧洲航天局和美国国家航空航天局联合研制的探测器。1995年该探测器发射升空，时至今日，它仍然在轨工作。其科研目标有：观测太阳色球层、日冕以及两者之间的过渡区；观测太阳风；探索太阳的内部结构等。

　　"星际边界探测者"（IBEX）（前页左中图）于2008年发射升空，迄今仍向地球发回数据。该探测器的重要发现包括：探测到太阳系外飞来的中性原子；日球层外侧并没有弓形激波的存在；日球层尾呈现出四瓣结构；在其他恒星周围发现了类似日球层的泡状结构。

　　"旅行者1号"和"旅行者2号"（Voyager 1 和 Voyager 2，二者外观相同，前页左下图）探测器都是1977年发射，目标是研究太阳系外侧的行星以及比太阳系更遥远的空间。目前，它们已经飞出了日球层，进入星际空间。

　　"地球之尾"（Geotail，前页右上图）是由日本和美国联合研制的卫星。该卫星的任务是观测地球的磁层。观测表明，太阳和地球之间的"磁通传输事件"（flux transfer events）比预期的要更加活跃。

　　美国国家航空航天局实施的"磁层多尺度任务"（MMS，前页右中图）由四颗一样的卫星组成。这四颗卫星排列成三棱锥构型，从而能够对太阳和地球周围的磁重联现象进行三维观测。

　　"过渡区和日冕探测器"（TRACE，前页右下图）1998年发射升空，工作到2010年退役。该探测器的任务是研究太阳小尺度磁场和等离子体结构（日冕环），它具有极高的空间和时间分辨能力。

　　"日地关系观测台"（上图）由两个几乎一样的探测器组成，它们一前一后运行在围绕太阳的轨道上，能够对太阳上发生的现象，例如太阳耀斑和日冕物质抛射（CME）拍摄立体图像。

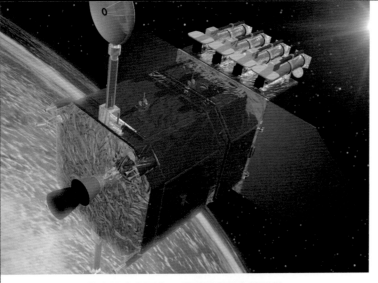
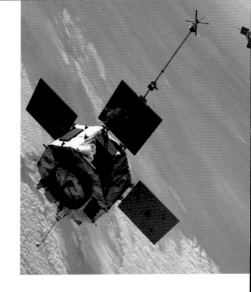

图片来源（本页）：美国国家航空航天局

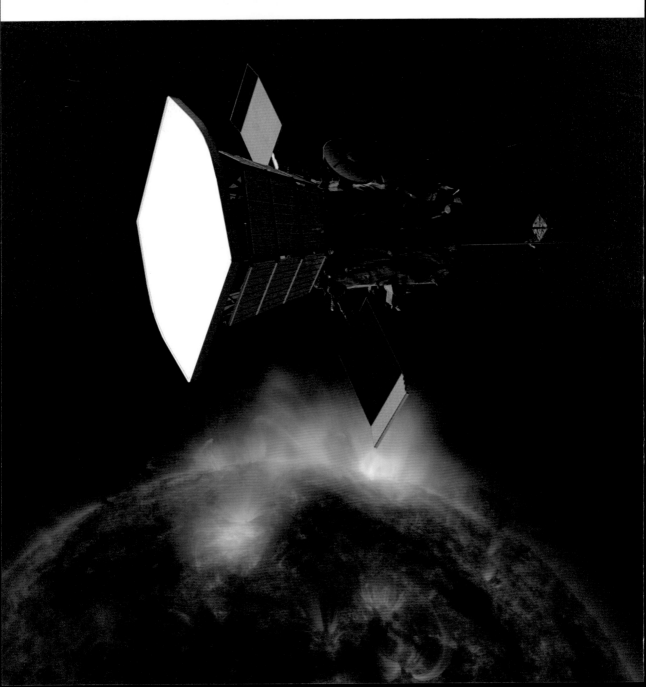

与恒星共存

"与恒星共存"（Living with a Star）是美国国家航空航天局的一个科学计划，目的主要是研究太阳对人类生产和日常生活的影响。以下是该计划中的一些探测器。

太阳动力学观测台（前页左上图）是"与恒星共存"计划中的一个探测器，目的是研究太阳对地球和近地空间的影响。该探测器2010年发射升空，预计服役至2030年。

太阳动力学观测台能够对太阳大气进行多波段同时观测。目前，该探测器已经对太阳磁场的结构和产生机制进行了研究；也对太阳磁场能量的释放机制进行了研究——磁场中的能量通常以太阳风和高能粒子等形式影响地球空间和日球层。

范艾伦探测器（Van Allen Probes，前页右上图）2012年发射升空，用于研究地球周围的范艾伦辐射带。通过摸清辐射带中的环境，有助于航天器的设计和制造，有助于制订保障宇航员身体健康和安全的措施。范艾伦探测器由两颗子探测器组成。

"高空气球探测辐射带中相对论性电子丢失"项目（BARREL），是利用高空气球研究范艾伦辐射带中高能带电粒子的盈亏问题。这些粒子来自太阳风，然后被地球磁场俘获。

帕克太阳探测器（前页下图）2018年发射升空，该探测器的主要科研目标是解开日冕的高温之谜和太阳风的加速之谜。除此之外，还要搞清楚太阳风源头之处的磁场结构和动力学特征，以及高能粒子的加速和输运机制。

2025年，帕克太阳探测器将成为人类最靠近太阳的探测器，近日点的距离仅约9个太阳半径。届时，防热罩的温度可高达1400摄氏度。值得一提的是，该探测器借助金星的引力不断刹车，逐渐向太阳靠近。2018年9月下旬，它第一次飞掠金星。帕克太阳探测器的整个任务周期计划是6年11个月。

太阳轨道飞行器（Solar Orbiter）是欧洲航天局研发和制造的一颗对日观测探测器，已于2020年2月10日发射升空。该探测器与帕克太阳探测器在科学任务上有所交集，但侧重点不同。

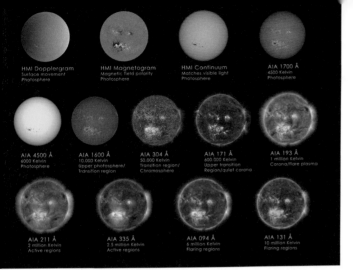

图片来源：美国国家航空航天局，太阳动力学观测台

左一　太阳动力学观测台探测器上的日震及磁场成像仪（HMI）生成的多普勒图像，光球层表面的运动。

左二　HMI生成的磁场图像，光球层上磁场的极性。

左三　HMI观测到的连续光谱图，可见光下的光球层。

左四　太阳动力学观测台探测器上的大气成像仪（AIA）在波长1700埃（170纳米）的紫外光区观测到的光球层，特征温度为4500开尔文。

中行图

左一　AIA在波长4500埃（450纳米）下观测到的光球层，特征温度为6000开尔文。

左二　AIA在波长1600埃（160纳米）下观测到的光球层上部和过渡区域，特征温度为10 000开尔文。

左三　AIA在波长304埃（30.4纳米）下观测到的过渡区域和色球层，特征温度为50 000开尔文。

左四　AIA在波长171埃（17.1纳米）的极紫外光区观测到的太阳图像，看到的是色球层与日冕过渡区域的上部及宁静日冕，特征温度为60万开尔文。

左五　AIA在波长193埃（19.3纳米）的极紫外光区观测到的太阳图像，看到的是日冕和耀斑等离子体，特征温度为100万开尔文。

底行图

左一　AIA在波长211埃（21.1纳米）的极紫外光区观测到的太阳活动区图像，特征温度为200万开尔文。

左二　AIA在波长335埃（33.5纳米）的极紫外光区观测到的太阳活动区图像，特征温度为250万开尔文。

左三　AIA在波长94埃（9.4纳米）的极紫外光区观测到的太阳耀斑区图像，特征温度为600万开尔文。

左四　AIA在波长131埃（13.1纳米）的极紫外光区观测到的太阳耀斑区图像，特征温度为1000万开尔文。

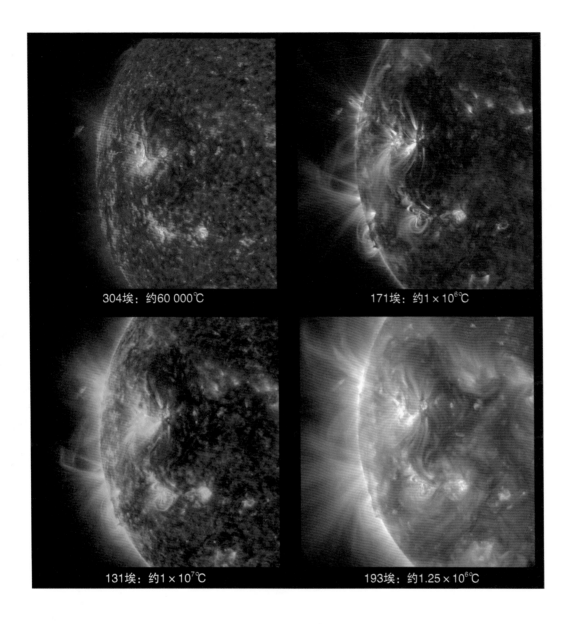

304埃：约60 000℃

171埃：约1×10⁶℃

131埃：约1×10⁷℃

193埃：约1.25×10⁶℃

不同仪器观测到的太阳

上面四幅图都是由太阳动力学观测台上的仪器拍摄的，拍摄日期为2014年7月24日，并且几乎是在同一时刻拍摄的。左上图拍摄的是太阳表面的活动区域，也是温度相对最低的区域，对应的温度约为6万摄氏度。按照顺时针的方向，右上图对应的温度约为100万摄氏度，右下图对应的温度约为125万摄氏度，左下图对应的温度约为1000万摄氏度。值得注意的是，我们看到的太阳特征是随着温度的变化而变化的，也会随着距离太阳表面的远近而变化。

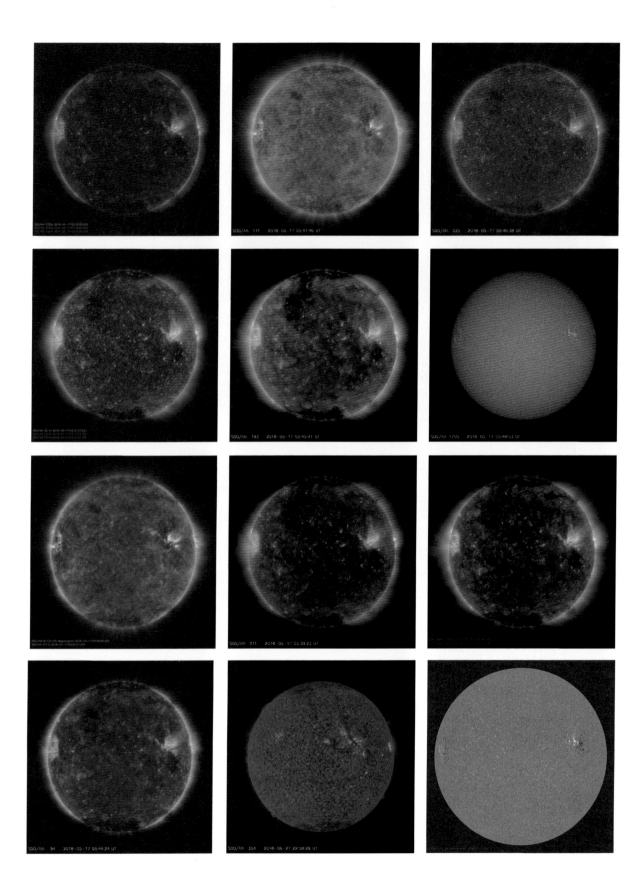

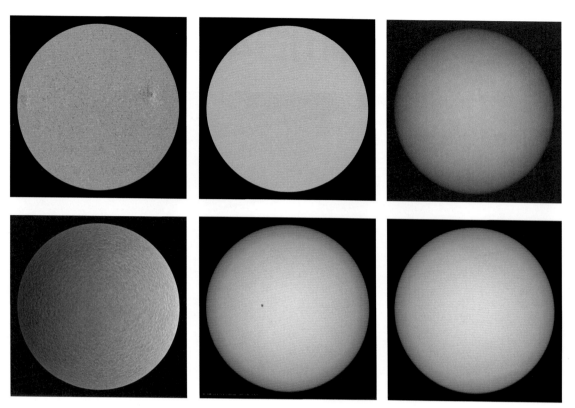

图片来源：美国国家航空航天局，太阳动力学观测台

太阳的一天

上面这六幅图是在同一天拍摄的。我们知道，有一些太阳现象只有在特定波长光线下才能看到。科学家利用不同的镜头、滤镜和仪器追踪太阳的活动，包括温度和磁极的变化等。

黑子和太阳活动周期

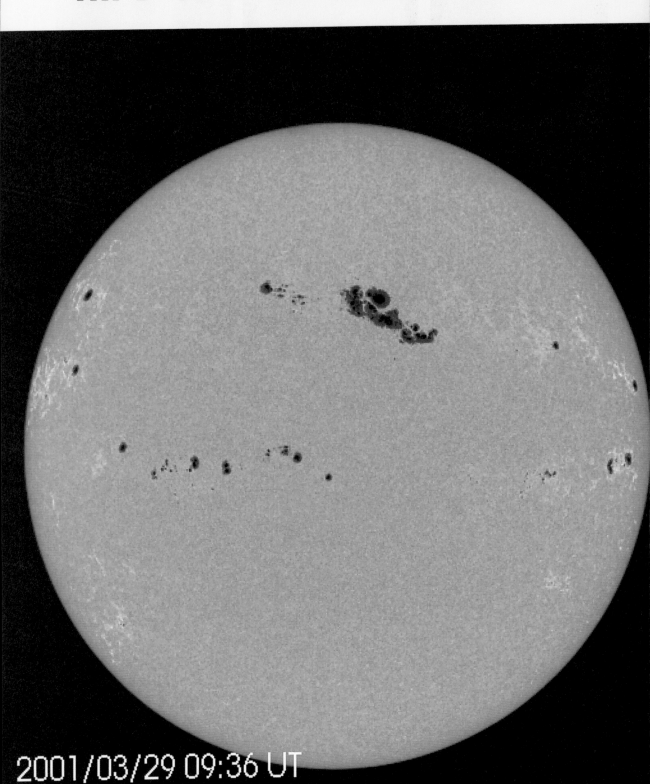

2001/03/29 09:36 UT

太阳黑子的首次记录

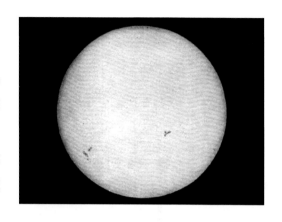

太阳黑子是太阳表面的暗黑斑点。黑子是太阳上的暂时现象，只能维持数天到数月不等。

太阳黑子可以用肉眼看到（绝不建议直接看太阳）。《汉书·五行志》中记载，成帝河平元年（公元前28年）"三月乙未，日出黄，有黑气，大如钱，居日中央"，这是世界公认最早的太阳黑子记录。西方国家从1610年开始才用望远镜断断续续地观测太阳黑子。

切记，绝不建议用肉眼或望远镜直接看太阳，以免伤害眼睛。如果想用望远镜直接观测太阳，那么就需要在镜头前加装滤片（例如巴德膜）。另外，用望远镜把太阳投射到平整的物体表面上（望远镜投影法），也可以进行间接观测。

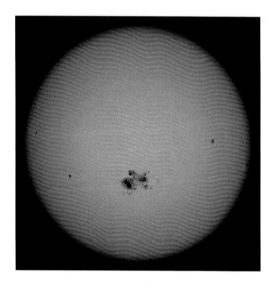

图片来源（前页、本页）：美国国家航空航天局，太阳动力学观测台

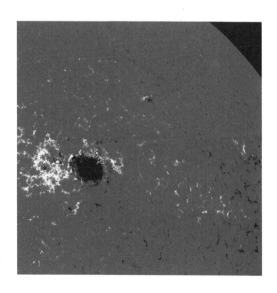

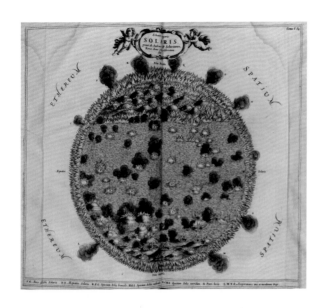

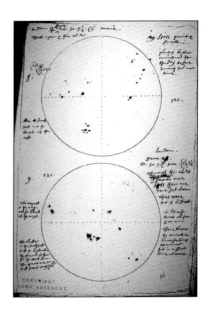

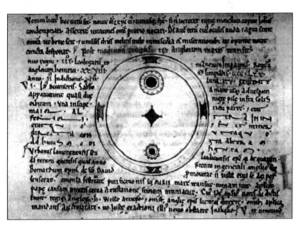

利用望远镜的一些早期观测

　　这些图像是对太阳黑子的早期描绘。左上这幅图是由德国学者阿塔纳修·基歇尔（Athanasius Kircher）于1664年描绘的。左下这幅图是由英国修道士伍斯特的约翰（John of Worcester）描绘的，出自文献《伍斯特的约翰编年史 1118—1140》，被认为是最早描绘太阳黑子的绘画作品。伍斯特的约翰是用肉眼直接观察的。

　　托马斯·哈里奥特（Thomas Harriot，1560—1621）是第一位描绘望远镜中月亮样子的人。除此之外，他还在1610年描绘了太阳黑子（右图），但没有公开发表。哈里奥特和克里斯多夫·沙伊纳（Christoph Scheiner）、伽利略（Galileo Galilei）虽然都是同时代的人，但是他并不知道后面两位的观测活动。

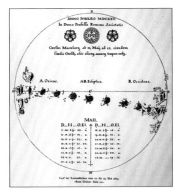

克里斯多夫·沙伊纳

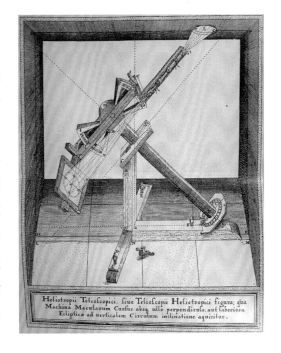

克里斯多夫·沙伊纳（1573—1650）是一位耶稣会士，也是第一位建造太阳观测台的天文学家，经常使用笔名"阿佩利斯"（Apelles）写信和发表作品。虽然他的大部分工作成果都丢失了，但是一些有关天文的绘画于1630年发表在《奥尔西尼的玫瑰，或太阳》（*Rosa Ursina sive Sol*）一书上（上三图），他的这三幅图都是对太阳黑子的记录。他曾经和伽利略通过书信探讨太阳黑子的问题：黑子到底是太阳的某个特征，还是行星的凌日现象？

沙伊纳发明了太阳目测镜（helioscope，右图）。这种观测仪器的原理是利用望远镜把太阳的影像投射到暗室的屏幕上，然后直接用肉眼观察，这样就不会对眼睛造成伤害。

父子天文学家戴维·法布里修斯（David Fabricius）和约翰内斯·法布里修斯（Johannes Fabricius）于1611年发明了望远镜投影法观测太阳，略早于沙伊纳发明太阳目测镜的时间。

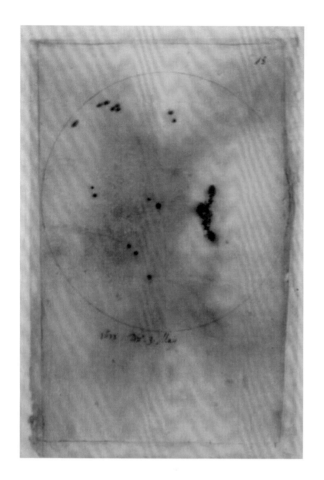

伽利略对太阳黑子的观测

上图是伽利略描绘的太阳黑子。1612年伽利略撰写了一本名叫《关于太阳黑子的书信》（*Letters on Sunspots*）的小册子，其中包含了他描绘的一些太阳黑子作品（后页上图）。伽利略与同时期的学者就太阳黑子的问题进行过广泛的讨论。伽利略认为，黑子是太阳表面的一种现象，这是因为他观测到黑子在太阳的中间区域比在边缘区域运动得快，这符合旋转球面上标记的视运动规律。

皮埃尔·伽桑狄

皮埃尔·伽桑狄（Pierre Gassendi，1592—1655）是法国的一位牧师和天文学家，他也对太阳黑子进行过观测和描绘（后页下图）。他同意伽利略的观点——黑子是太阳表面上的一种现象，其运动是太阳转动的体现。基于对太阳黑子运动的观测，他计算出太阳的自转周期为25—26天。

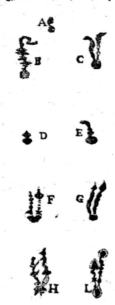

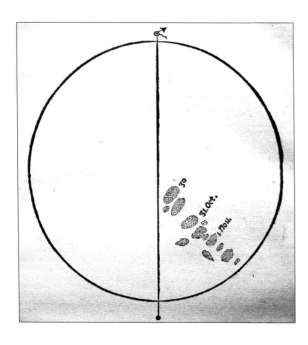

暗箱

　　在望远镜发明之前，天文学家利用暗箱对太阳进行观察。暗箱是利用小孔成像原理或凸透镜成像原理，把太阳（光源）投射到暗室的屏幕上。利用此方法，天文学家就可以间接对太阳进行观察，从而避免直视太阳对眼睛造成伤害。早在两千多年前，中国古代思想家墨子就对小孔成像的原理进行了探究。

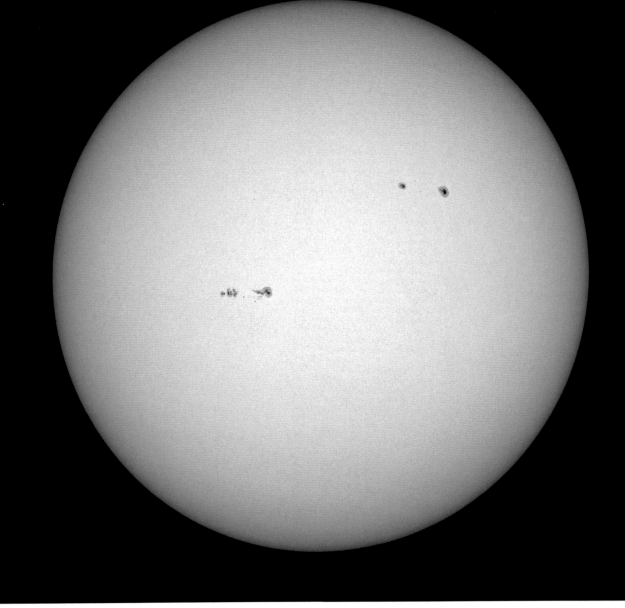

图片来源：美国国家航空航天局，太阳动力学观测台

成双成对

　　太阳黑子成对出现，但有时候成对的黑子并不好区分。这是因为两颗黑子可能处于不同的演化阶段，形态特征不一样。另外，使用不同仪器，观测结果也会不同。

　　太阳的复杂磁场和内部的对流物质时刻进行着拉锯战。成对的两颗黑子磁极刚好相反，一个是北极，另一个就是南极。黑子比太阳表面其他部分的温度要低，这是因

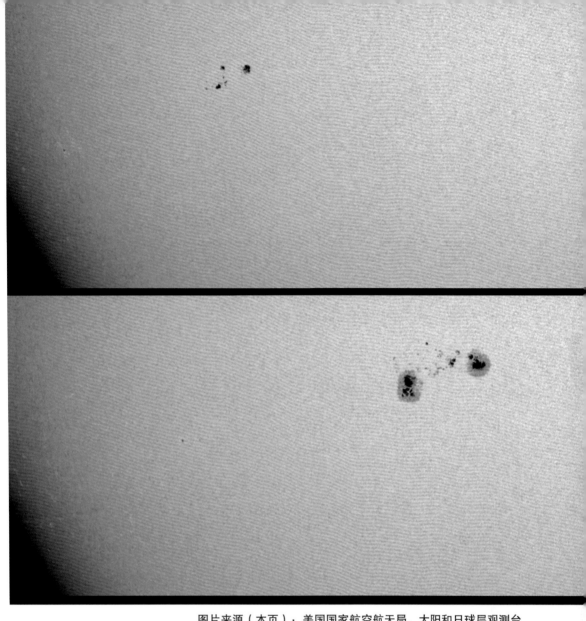

为黑子的磁场压制了太阳表面与下面物质对流过程的缘故。太阳耀斑和日冕物质抛射通常起源于黑子比较集中的区域。

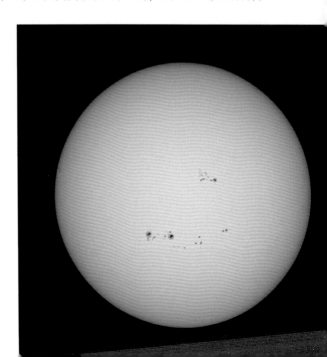

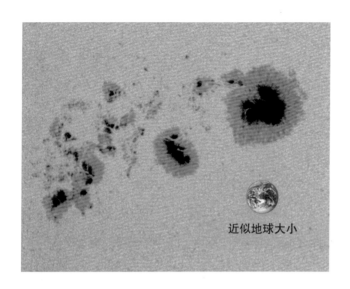

近似地球大小

太阳黑子的大小

太阳黑子有大有小，并且在不断变化，最小的直径仅有16千米，最大的直径可达16万千米。我们知道，地球的直径大约是1.2万千米，但与太阳上的大黑子相比，地球就相形见绌了。

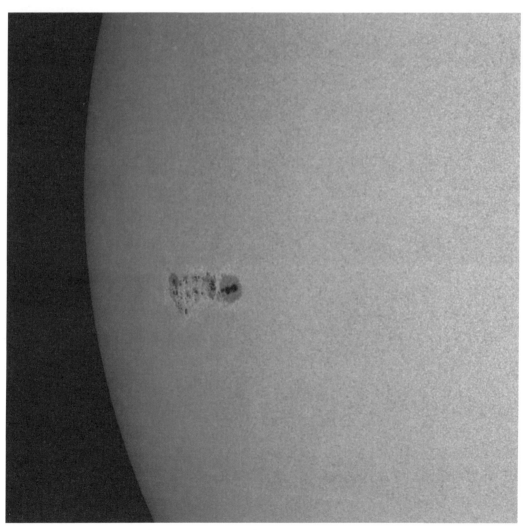

图片来源（本页）：美国国家航空航天局，太阳动力学观测台

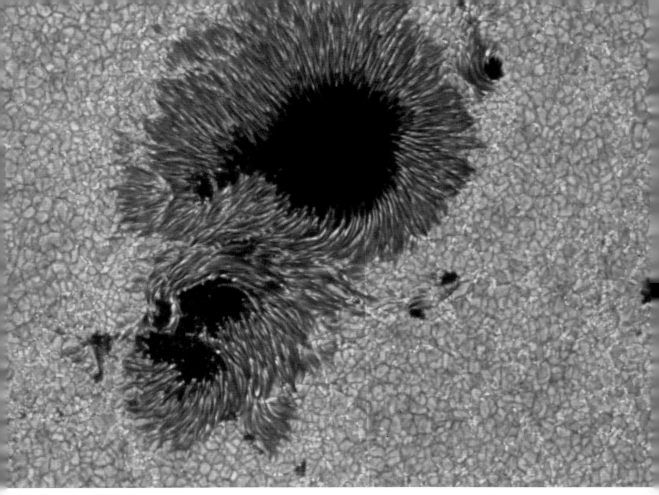

本影和半影

太阳黑子由两部分组成：

中间最黑的部分称为本影区（umbra），这里温度较低，物质下沉，磁力线几乎垂直于太阳表面。

围绕在本影区周围的较亮区域称为半影区（penumbra），这里的磁力线是倾斜的，因为它们延伸至成对黑子中另一个磁极相反的黑子。

本影区域的温度比半影区域的温度低，因此看起来更暗。

08/08/2010 23:57 UT

08/09/2010 10:40 UT

08/09/2010 23:41 UT

08/10/2010 23:00 UT

图片来源（本页、后页）：美国国家航空航天局，太阳动力学观测台

转动的太阳

人们会观测到黑子在太阳表面移动，实际上，这是太阳自转的结果。

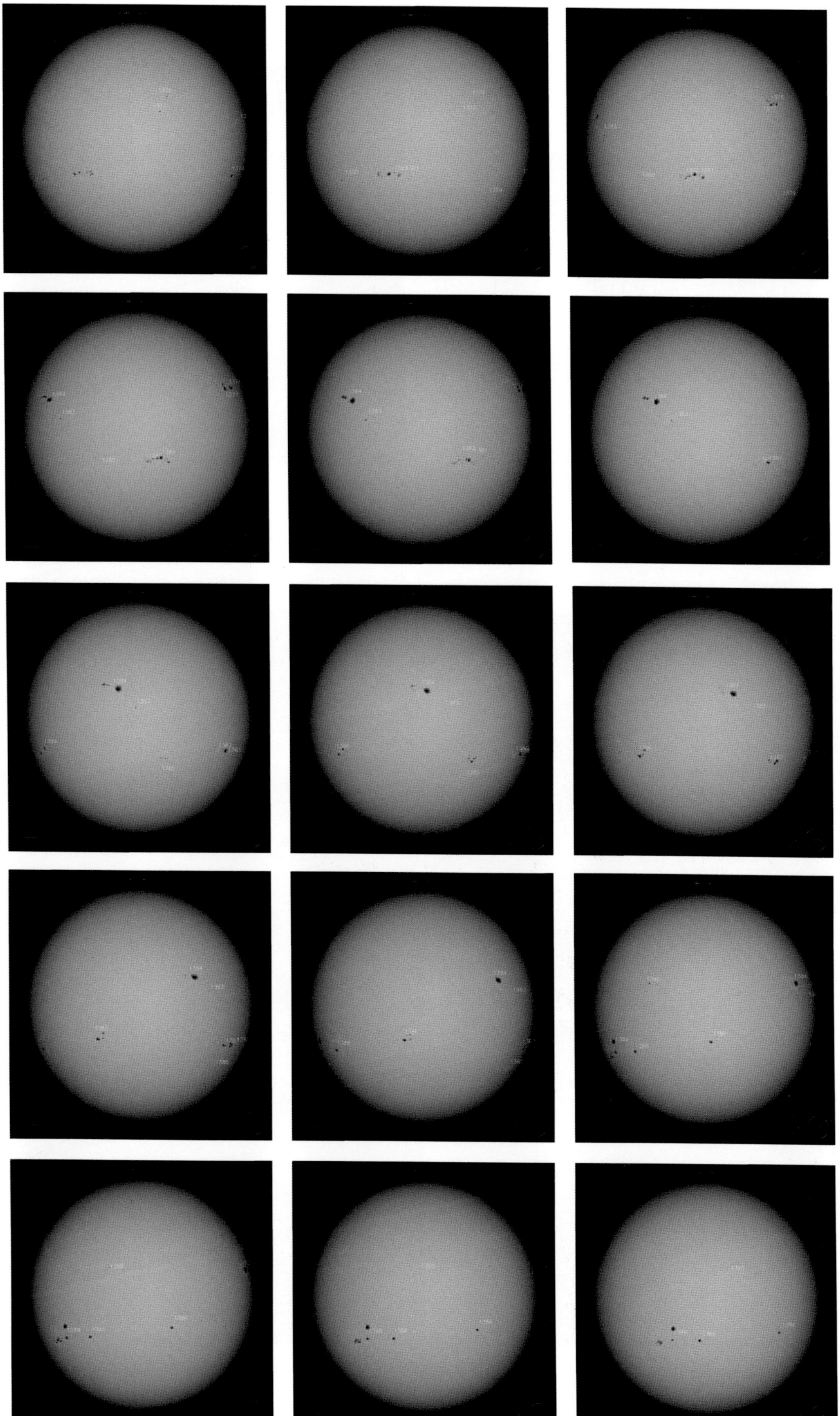

太阳活动周期

早在1755年，天文学家就注意到太阳黑子的数量存在周期变化现象。太阳活动的周期大约是11年，每隔11年，太阳磁极就会翻转一次。虽然11年的活动周期比较明显，但也存在一定的波动。可能还有更广泛的电弧活动周期，以人类目前的观察和测量能力还无法确定。

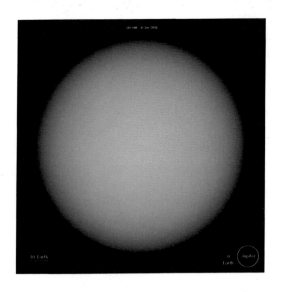

图片来源：美国国家航空航天局，欧洲航天局，太阳和日球层观测台，斯蒂尔·希尔（Steele Hill）

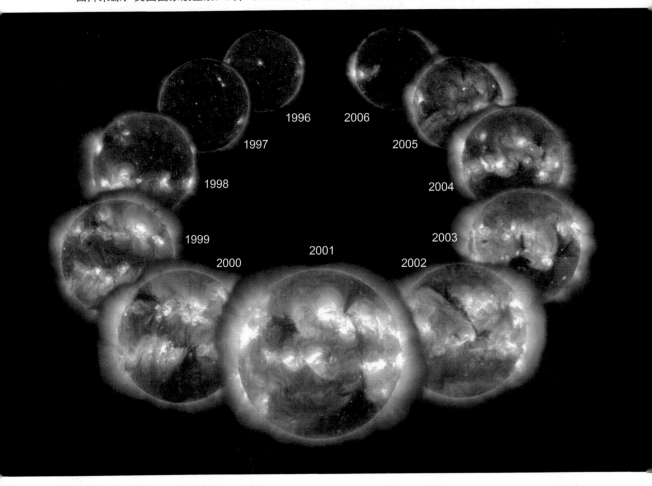

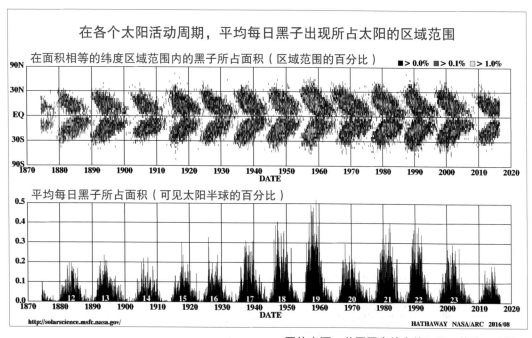

图片来源：美国国家航空航天局，戴维·哈撒韦

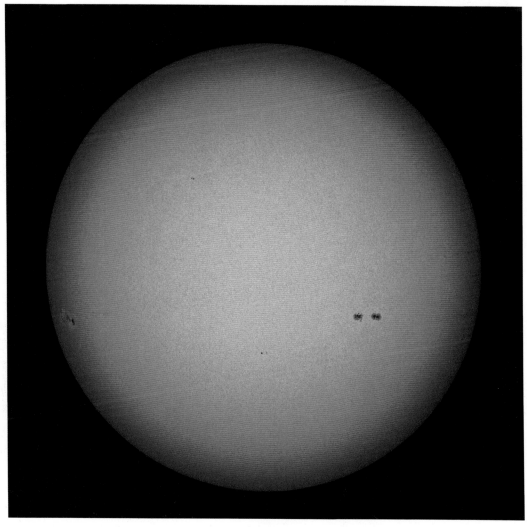

图片来源：美国国家航空航天局，太阳动力学观测台

日冕洞

日冕洞是日冕上温度较低的区域，那里的等离子密度也较低。日冕洞处于动态变化之中，寿命从数周到数月不等。日冕洞的大小和数量与太阳活动周期有关。太阳活动极大年时，日冕洞更加靠近太阳两极，且数量最少。当太阳磁场翻转，开始向极小年过渡时，日冕洞开始变大，数量逐渐增多，并从两极向赤道区域运动。

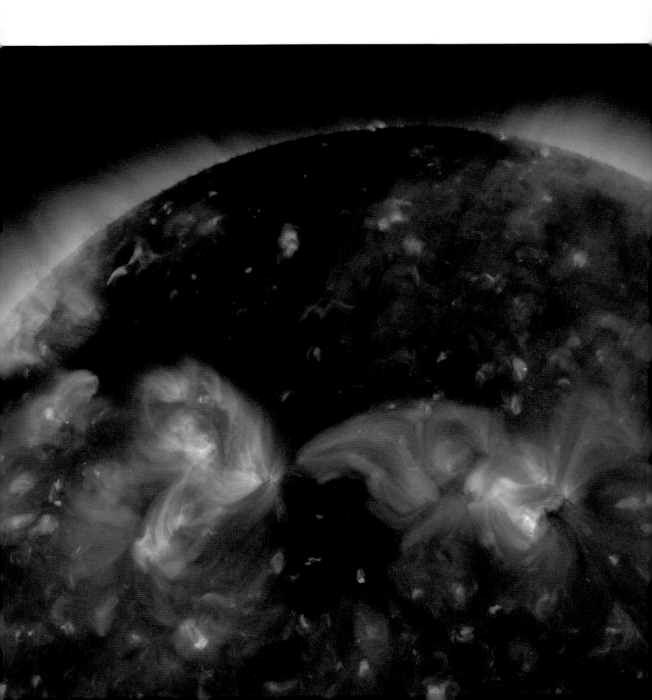

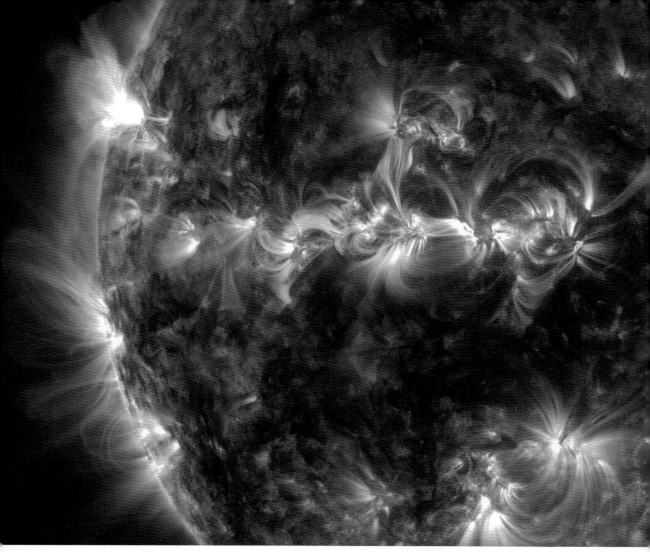

图片来源（前页、本页）：美国国家航空航天局，太阳动力学观测台

表观单极磁场

表观单极磁场（Apparent Unipolar Magnetic Fields）是日冕洞的特征。相比之下，日珥是由等离子体沿偶极磁场的磁力线构成的环状结构。日冕环中的磁力线不会折向太阳表面，而是一直向外延伸，这些开放的磁力线是太阳风逃逸的通道。太阳风从太阳射向其他星球甚至更远的地方，速度可达每秒800千米。太阳磁场对太阳系的影响非常大，可远至太阳系的边缘区域。

巨型日冕洞

　　2013年美国国家航空航天局的太阳动力学观测台卫星拍摄到的一个巨型日冕洞（下图左上方深蓝色区域），大小相当于50颗地球排成一行。

图片来源：美国国家航空航天局，太阳动力学观测台

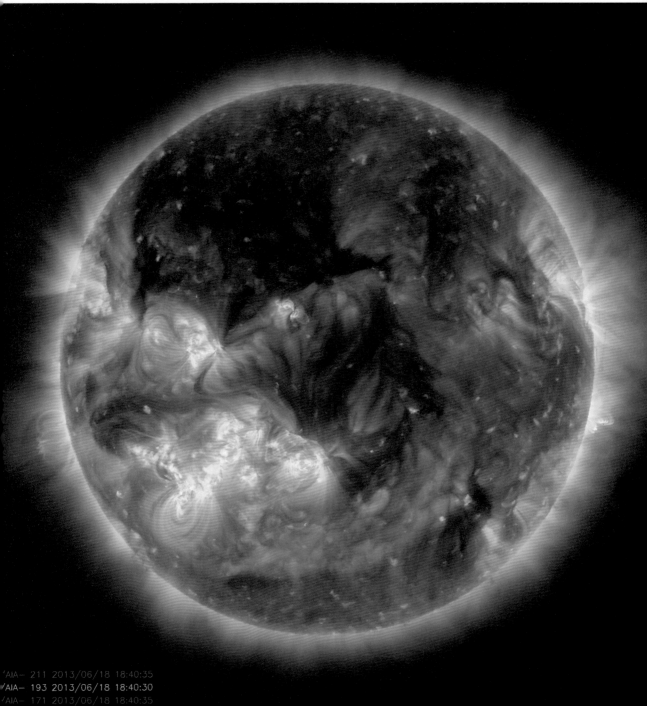

AIA- 211 2013/06/18 18:40:35
AIA- 193 2013/06/18 18:40:30
AIA- 171 2013/06/18 18:40:35

高速太阳风

太阳风是起源于日冕的高速带电粒子流，在太阳系中向四面八方喷射，速度通常介于每秒250千米和750千米之间。

图片来源：美国国家航空航天局，太阳动力学观测台

同一时刻

这两幅有关太阳的图像（上图和后页图）是同一天拍摄的。上图是用太阳动力学观测台卫星上搭载的大气成像仪在波长304埃（30.4纳米）下拍摄到的太阳色球层和过渡区域的图像。这个波长下的图像，通常配以红色。

SDO/AIA- 193 20161027_200030

图片来源：美国国家航空航天局，太阳动力学观测台

上图是大气成像仪在波长193埃下拍摄到的日冕高温区域和炽热的耀斑等离子体。在这个波长下观测，高温区域与低温区域差异非常明显，凸显出了日冕洞。这个波长下的图像，通常配以黄褐色。

更多日冕洞

科学家发现，在太阳活动极大年之后，日冕洞会逐渐增多。这与太阳活动周期中太阳黑子数量增多的时间一致。

图片来源：美国国家航空航天局，太阳动力学观测台

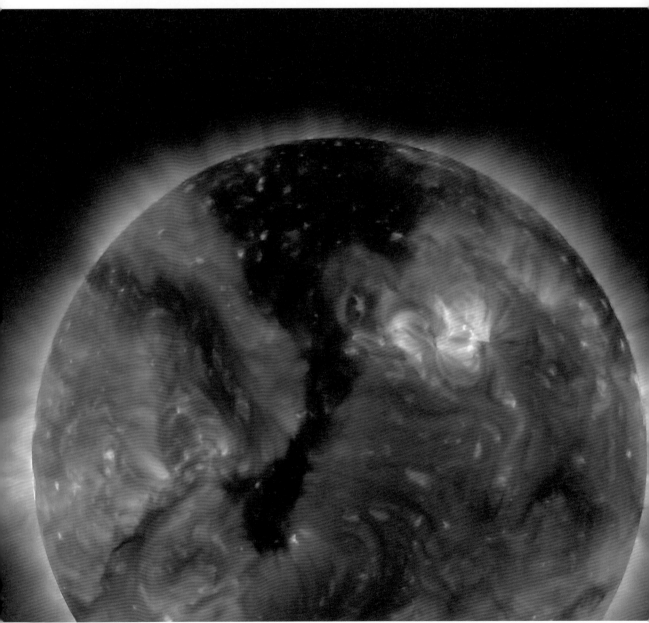

低密度区域

日冕洞所在的太阳表面区域，物质密度比其他区域要低。在日冕洞的上方，太阳磁场向太空延伸并进入太阳系。

上图是2016年12月2日拍摄的。太阳风通常需要数天的时间才能抵达地球，其中的带电粒子会与地球磁场发生相互作用，产生美丽的极光。

图片来源（本页、后页）：美国国家航空航天局，太阳动力学观测台

　　上图是2017年2月拍摄的。太阳上温度较低、密度较低的区域看起来比较暗淡。当在极紫外线（EUV）或X射线下观测时，巨型日冕洞可占据太阳盘面的四分之一。

　　另两幅图（后页图）描绘了日冕洞通常在太阳的两极区域形成，并向赤道延伸的景象。

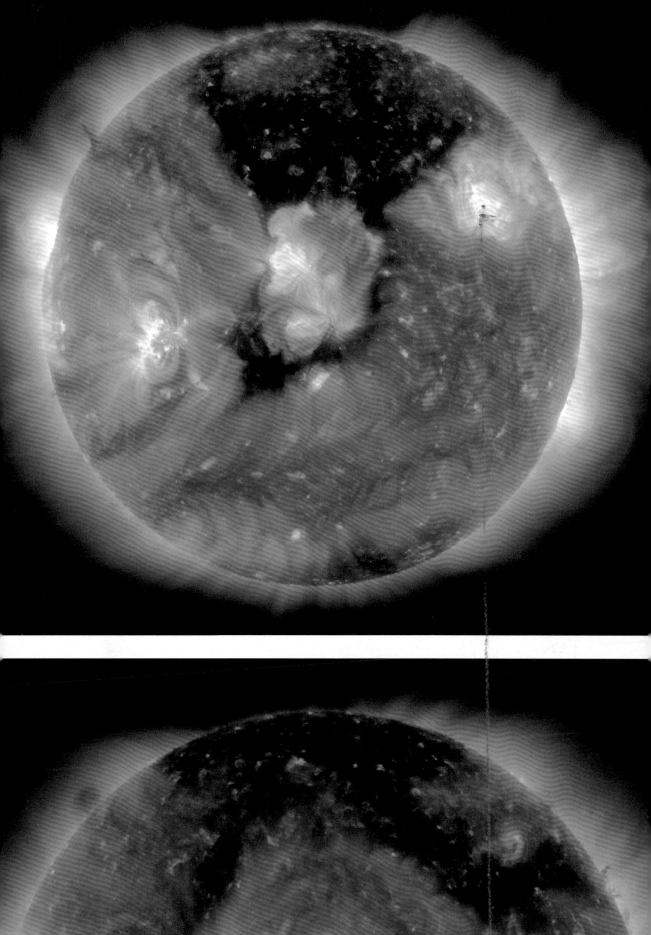

日珥和暗条

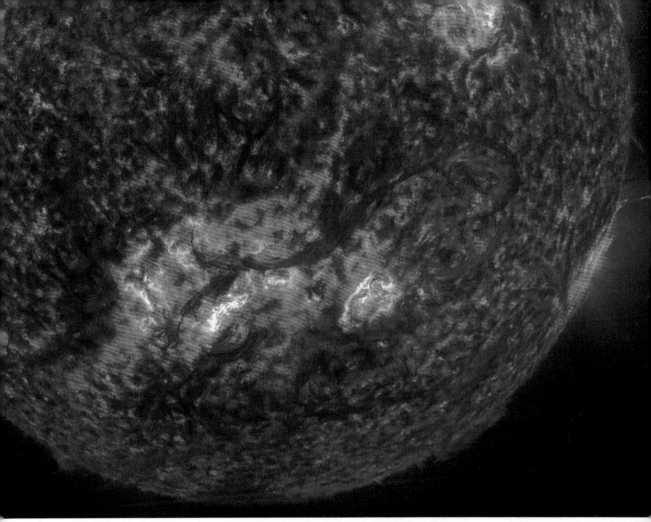

图片来源（前页、本页）：美国国家航空航天局，太阳动力学观测台

日珥

日珥是从太阳表面向外延伸的一种巨大而明亮的突出物，通常呈环状。日珥的基部锚定在太阳光球层上，并向外延伸至日冕中。典型的日珥长度为数千千米，最大的日珥长达80万千米，这与太阳的半径相当。

日珥由高温等离子体组成，温度与光球层的温度相当。

俗话说"横看成岭侧成峰"，从不同角度观察日珥会看到不同的景象。从地球视角望去，当日珥处于太阳的边缘时，在漆黑太空的映衬下，可以看到非常明显的环状（前页图）；当日珥处于太阳明亮的盘面上时，看起来就像黑色的条带一样（上图），天文学上称之为"太阳暗条"（solar filament）。

图片来源：日本宇宙航空研究开发机构，美国国家航空航天局，"日出号"探测器

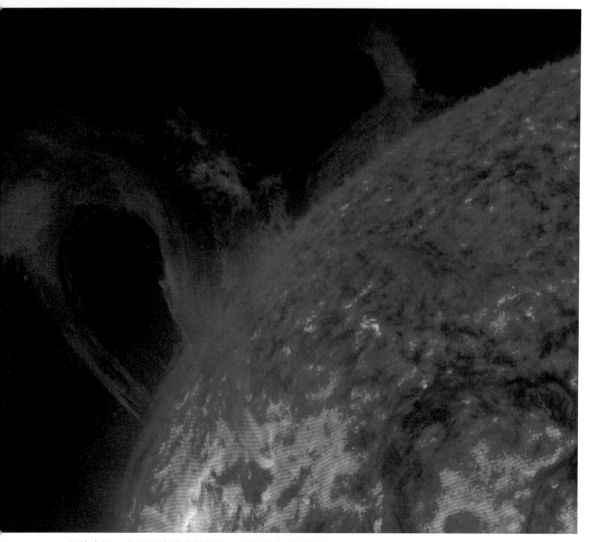

图片来源：美国国家航空航天局，太阳动力学观测台

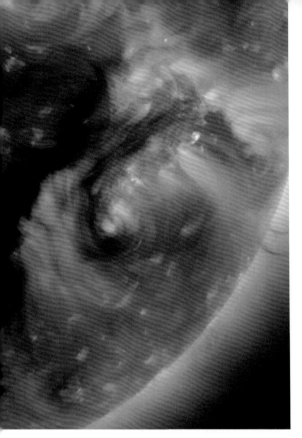

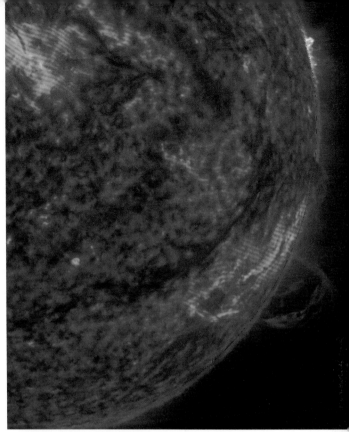

图片来源：美国国家航空航天局，戈达德太空飞行中心（GSFC），太阳动力学观测台

图片来源：美国国家航空航天局，欧洲航天局，太阳和日球层观测台

近观暗条

这张太阳暗条的近景照片是2013年10月拍摄到的（前页上图）。由图可见，组成暗条的受磁力悬浮在太阳上方的粒子线清晰可辨。

不稳定的特征

当这些扭动的日珥（前页下图）喷发后，在数小时内就会跌回太阳。日珥的喷发物速度很快，每秒可达600千米至1000千米。日珥的形态为拱形或环状，持续时间从数天到数月不等。

左上这张图有一个巨大的日冕洞，在日冕洞右侧有一个罕见的环形太阳暗条。右上这张图展示了正在喷发的太阳暗条。太阳暗条被磁场托举着，非常不稳定，破裂后跌回太阳。暗条源于太阳温度相对较低的部分，是被波动的太阳磁场拉到温度较高的日冕中的。

日冕仪

日冕仪是地面望远镜的一个附件，是为了在观测日冕和日珥时，遮挡住来自太阳盘面的明亮光线。我们知道，观测日冕对了解太阳大气非常重要。

太阳和日球层观测台卫星上搭载有大角度光谱日冕仪（LASCO），用于遮挡来自太阳盘面的明亮光线，这样就相当于日全食的效果，更加方便科学家研究日冕的活动。

左侧这两张图是2015年4月拍摄的，展示了一个正在喷发的巨大日珥，分别由大角度光谱日冕仪上两个日冕成像仪（C2和C3）拍摄。

图片来源（本页）：美国国家航空航天局，欧洲航天局，太阳和日球层观测台

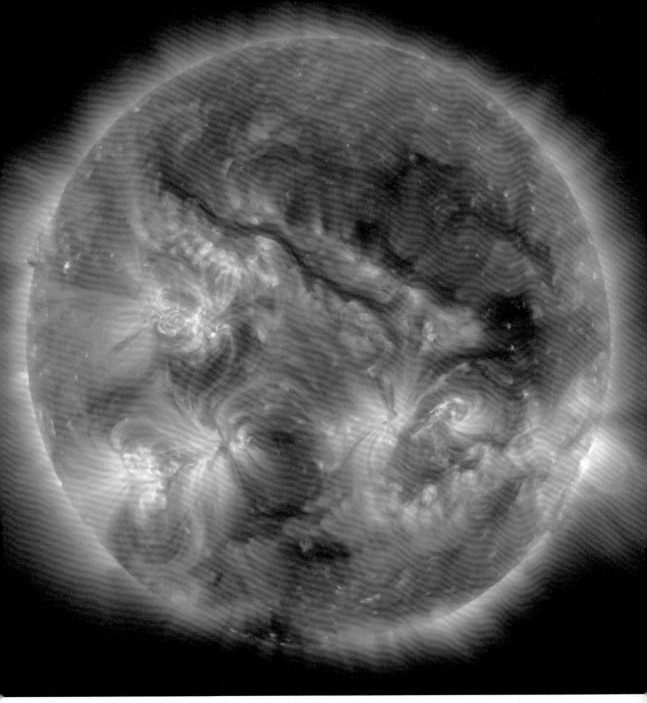

图片来源：美国国家航空航天局，太阳和日球层观测台

50个地球直径长度

上图是2015年10月拍摄到的一张太阳暗条照片，暗条长度相当于地球直径的50倍。暗条其实无法用肉眼看到，这是太阳在极紫外波段下人工着色的影像。

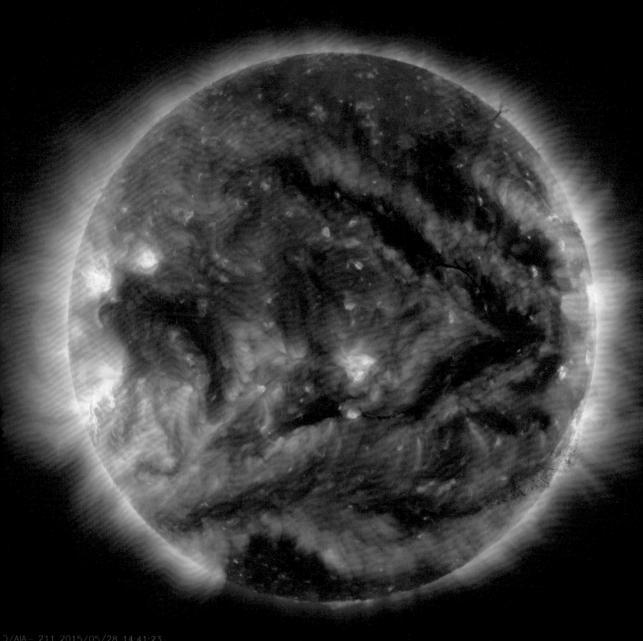

O/AIA- 211 2015/05/28 14:41:23
O/AIA- 193 2015/05/28 14:41:06

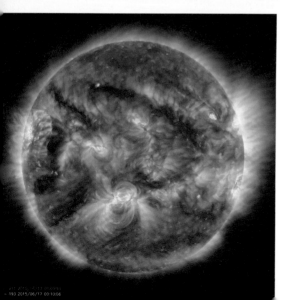

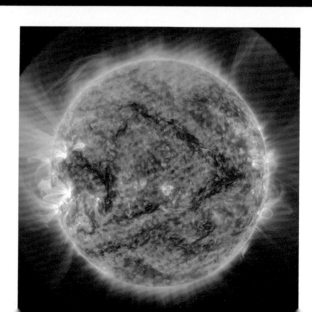

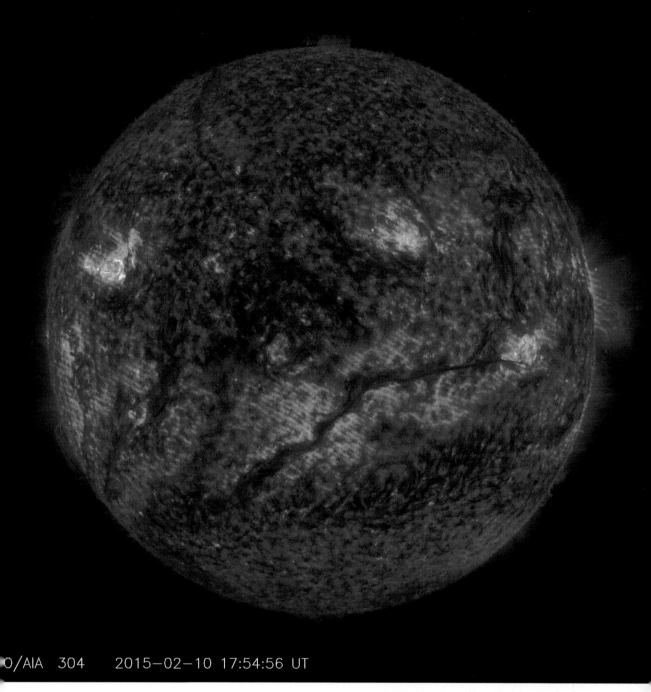

O/AIA 304   2015-02-10 17:54:56 UT

图片来源（前页、本页）：美国国家航空航天局，太阳动力学观测台

悬浮于太阳之上

太阳暗条是靠太阳磁场托起来的，通常能够维持数日。本页及前页的这些照片是在不同波段下拍摄到的太阳。

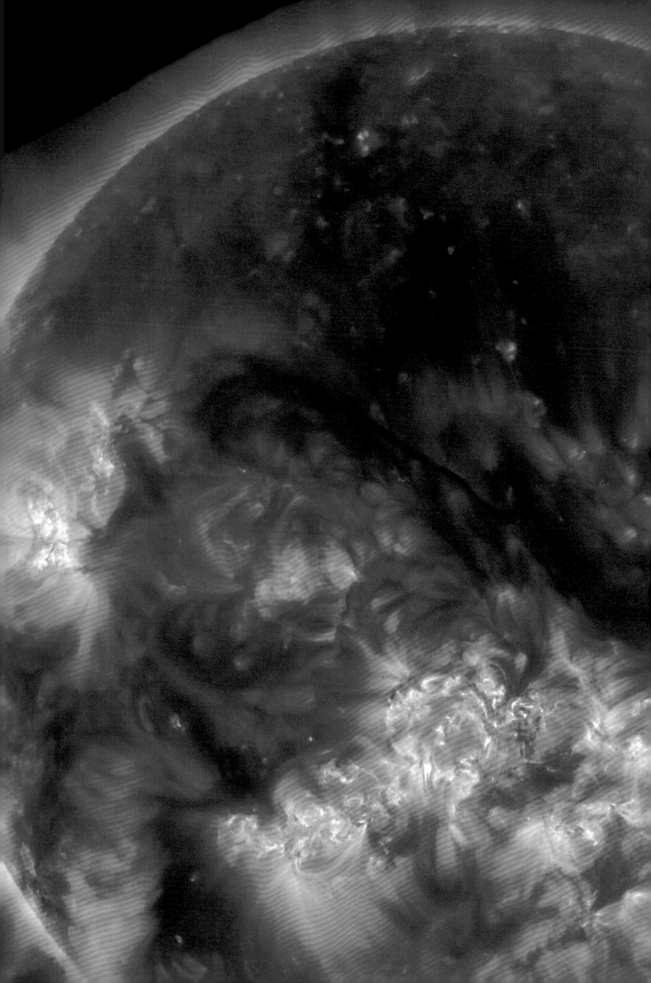

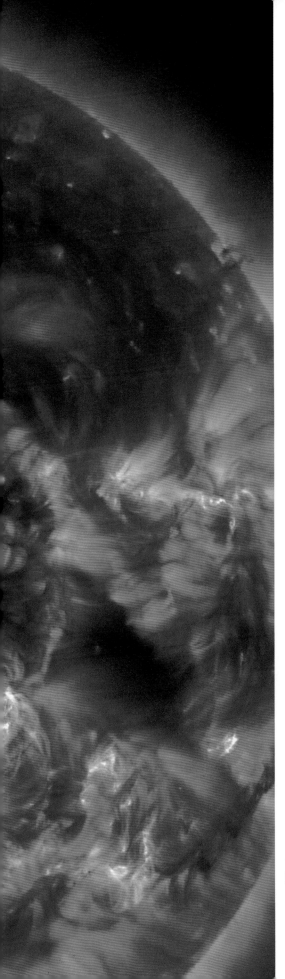

太阳暗条上的作用力

太阳暗条主要受到来自太阳向下的引力和来自太阳磁场向上的支撑力，除此之外，还有物质对流引起的作用力。暗条中的物质要么重新回到太阳表面，要么被喷射到太空中去，形成一种叫作"日冕物质抛射"的现象。

这张太阳照片是2014年8月拍摄到的，上面有一个非常长的太阳暗条持续了一周以上，长度达地球直径的30倍。

图片来源：美国国家航空航天局，太阳动力学观测台

磁性太阳

    尽管太阳黑子活动和太阳周期有一致性，但太阳磁场是可变的。太阳的动态磁场催生了其表面的各种活动。太阳像一台巨大的发电机，通过转动和内部物质的对流产生电流和磁场。

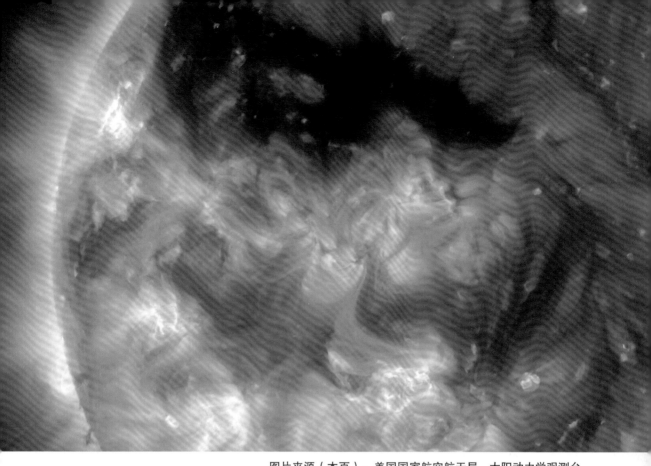

太阳"发电机"

太阳"发电机"产生电流，从而形成磁场。目前，科学家们认为，太阳磁场起源于内部对流区和辐射区之间薄薄的差旋层。

日球层电流片

日球层电流片可以看作是从太阳赤道向外延伸的平面，可以延伸至冥王星轨道之外的日球层。与地球类似，太阳也拥有南北两个磁极。太阳磁场不局限于太阳表面和太阳大气，而是被日冕发出的太阳风裹挟着向外延伸至各大行星的公转轨道之外，可以保护地球，降低宇宙射线对地球的影响。这些向外延伸至行星际空间或日球层的磁场，叫作行星际磁场或日球层磁场。日球层电流片源于太阳赤道附近磁场极性反转的区域（磁场从北向南变化的区域）。由于太阳风的径向传播和太阳的自转效应，实际上行星际磁场是螺旋模式，从而导致日球层电流片呈现出芭蕾舞裙的形状（下图）。

图片来源：美国国家航空航天局

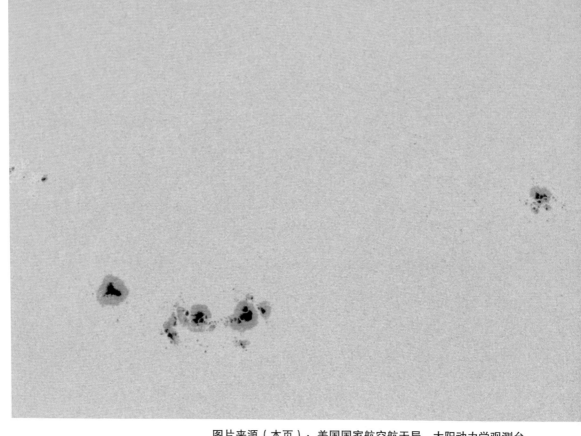

图片来源（本页）：美国国家航空航天局，太阳动力学观测台

太阳磁场的产生与重组

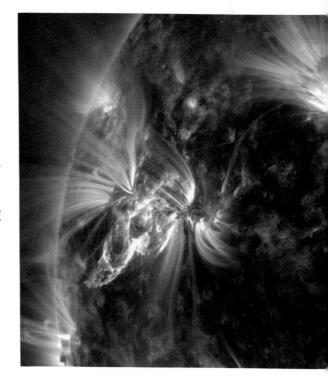

我们尚未对太阳磁场有充分的了解，但知道它处于动态变化之中，时刻产生和重组。太阳黑子（上图）经常成对出现，一个是南极，一个是北极。我们还知道，太阳极区磁场每隔11年就会翻转一次，也就是说，每隔22年恢复到原来的状态。

我们也可以从日冕环中看出活跃的磁场变化（右图）。

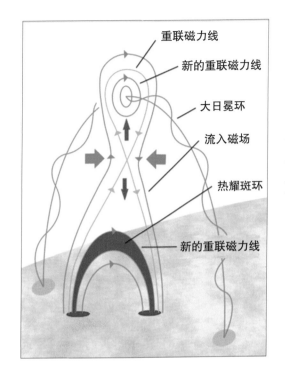

磁重联

太阳的物质会沿着弧形的磁力线上升，当磁力线发生"磁重联"时，其中的某些物质会被抛射到太空中，发生"日冕物质抛射"现象。通常情况下，磁力线会重新连接，大多数物质会落回太阳表面。

图片来源（本页、后页）：美国国家航空航天局

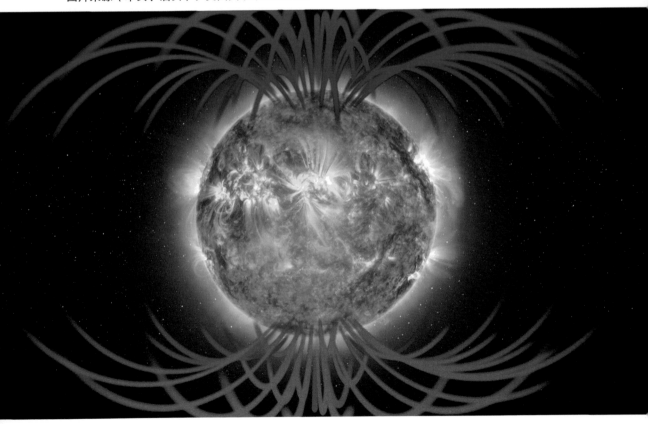

太阳的极性

　　太阳的极性每隔11年发生一次翻转，发生在太阳活动周期峰值的时候。这是太阳活动的正常现象。太阳的两极磁场逐渐变弱，当减弱到一定程度，极性就会发生翻转。在翻转的时候，延伸到太阳系外层空间的日球层电流片变得更加波动。

　　如前页下图所示，假如上面的蓝色磁极为磁北极，下面的红色磁极为磁南极，那么大约每隔11年，磁北极和磁南极就会发生翻转，如下图所示，蓝色的磁北极翻转到下面，红色的磁南极翻转到上面。

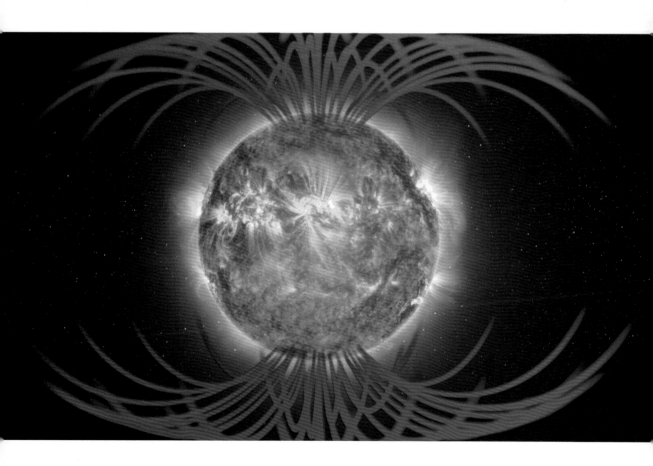

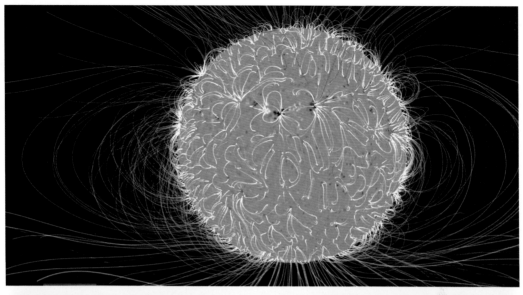

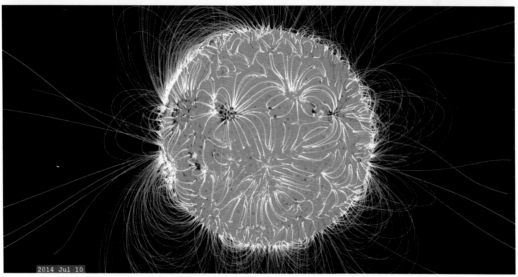

图片来源（本页）：美国国家航空航天局，戈达德太空飞行中心，杜波斯坦（Duberstein）

太阳表面成拱状的磁力线被称为日冕环。这些计算机生成的图片显示了日冕环的动态特性。当太阳中的炽热物质注入日冕环时，我们就能看到这些隐藏的磁力线。通过建模，科学家希望理解能量和等离子体是如何在太阳周围转化和运动的。

图片来源（本页、后页）：美国国家航空航天局，太阳动力学观测台

等离子体

太阳上的等离子体是由带电粒子组成的，它们沿着磁极之间的拱形磁力线运动。

磁场强度

  右侧这些太阳图像是由太阳动力学观测台卫星耗时一个多月时间拍摄到的，显示了太阳从左向右的自转现象。红色的区域温度大约200万摄氏度，绿色的区域大约130万摄氏度，蓝色的区域温度最低，大约为6万摄氏度。值得注意的是，这些图像并非在可见光下拍摄到的，而是在极紫外线波段下拍摄到的。除此之外，明亮的部分是拥有强磁场的活跃区域。

太阳耀斑

太阳耀斑是太阳上突然出现的明亮闪光，通常出现在黑子群附近。太阳耀斑往往伴随着日冕物质抛射，但并不意味着出现耀斑就一定有日冕物质抛射。当耀斑发生时，等离子体被加热到数千万开尔文。大部分耀斑肉眼是看不到的，这是因为耀斑释放的绝大部分能量在可见光区之外。

图片来源（本页、后页）：美国国家航空航天局，太阳动力学观测台

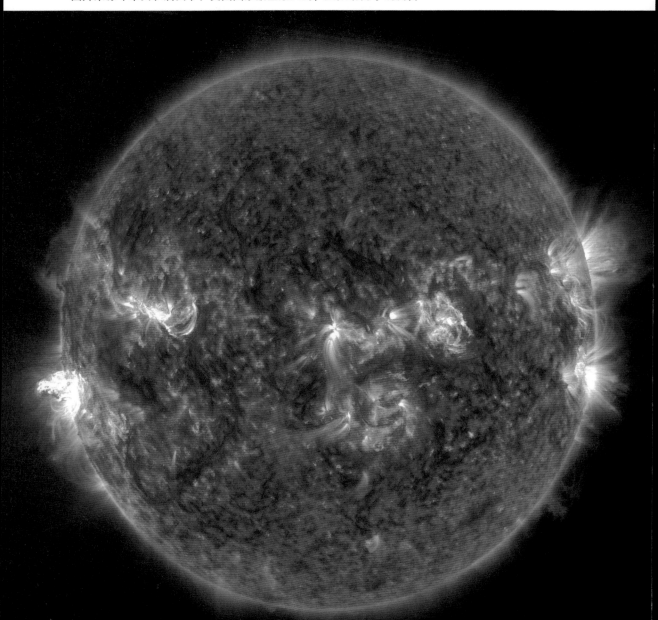

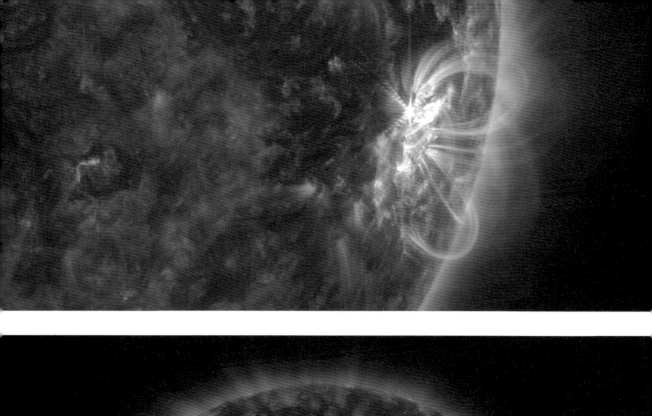

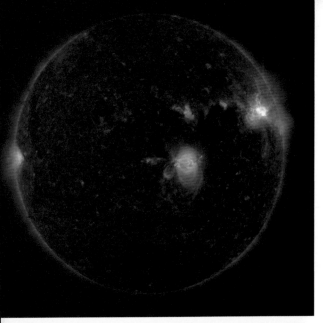

太阳耀斑的一些事实

目前，人类对于太阳耀斑的认识还很有限。我们关于耀斑的知识来自地球和太空中的观测设备。下面是有关太阳耀斑的一些事实：

1. 耀斑能够通过太阳的大气层向周围空间释放大量的高能带电粒子和射电波。

2. 当耀斑朝向地球方向喷发，高能带电粒子被地球磁场引导至两极附近区域，轰击大气中的氮气和氧气，就会出现美丽的极光。

3. 地球大气层能够阻挡从耀斑发出的有害辐射。耀斑对于空间天气而言非常重要，它能够强烈干扰无线电通信。

4. 耀斑释放的粒子需要数天才能抵达地球。

5. 其他恒星上也有耀斑现象。

左侧的这三幅图显示了太阳上发生的三个耀斑，产生于2017年4月2日到4月3日期间。

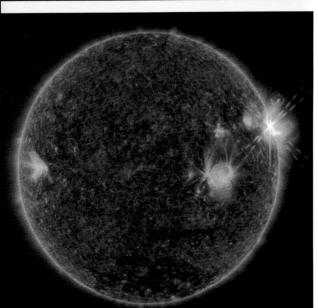

图片来源（本页、后页）：美国国家航空航天局，太阳动力学观测台

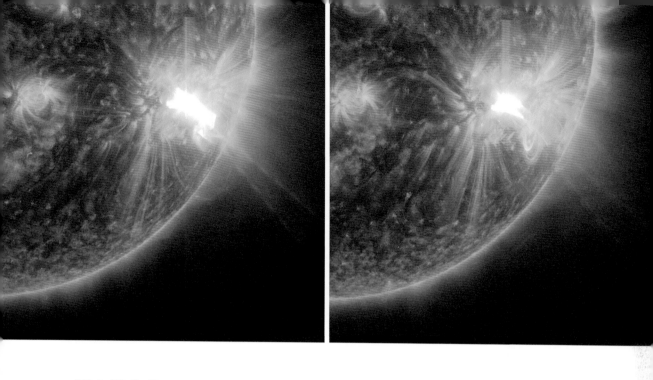

耀斑发生的原因

　　耀斑发生的原因尚不清楚。或许是磁重联现象导致带电粒子加速，当这些高能粒子与太阳大气中的等离子体介质相互作用时就产生了耀斑。

　　上面两幅图展示了一个耀斑随时间的演变过程。下面五幅图展示了同一个耀斑在不同波段下拍摄到的样子。

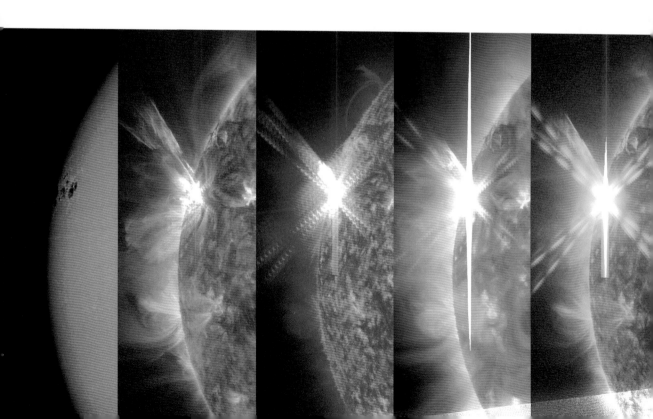

日冕物质抛射

图片来源：美国国家航空航天局，太阳动力学观测台

日冕物质抛射是一种从日冕中释放大量磁化等离子的现象。在太阳活动极大年时，平均每天有大约三次日冕物质抛射；在太阳活动极小年时，平均每五天才有一次日冕物质抛射。日冕物质抛射对空间天气有极大的影响。

太阳耀斑好比是远处大炮开火时发出的闪光，从太阳到地球仅需8分钟，而日冕物质抛射中的等离子好比是炮弹，速度较慢，从太阳抵达地球平均需要3.5天。

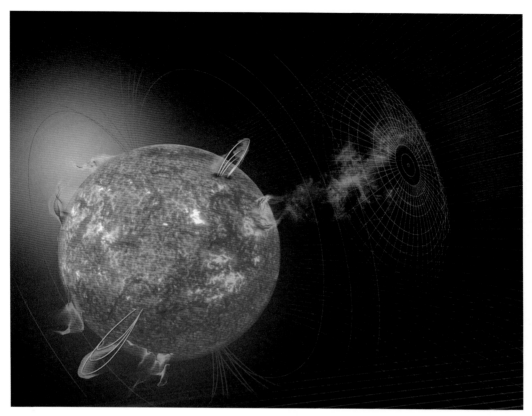

图片来源：美国国家航空航天局

上图是日冕物质抛射的艺术效果图，该图显示了等离子体从太阳抛射到太空的情形。日冕物质抛射中的等离子体是定向运动的，并不一定会影响地球。

下面两幅图描绘了2000年2月27日的一次日冕物质抛射，分别由"太阳和日球层观测台"上搭载的两个日冕成像仪（C2和C3）拍摄到。它的抛射比太阳耀斑更深入太空。

图片来源：美国国家航空航天局，欧洲航天局，太阳和日球层观测台

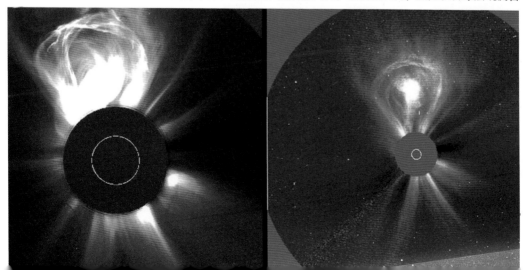

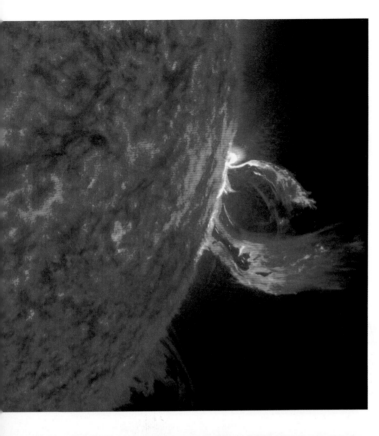

太阳上的这些等离子体主要由电子和质子组成（左上图）。

左下这幅图是由太阳动力学观测台与"太阳和日球层观测台"拍摄到的图片叠加而成。这样一幅图有助于科学家把太阳附近和较远处发生的事件建立起联系。

在日冕物质抛射发生期间（后页上图）等离子体逃离太阳大气层。后页下图显示了太阳上各区域之间磁场的连接情况。在那些磁场连接较弱的区域，等离子体容易逃逸到太空。在某些区域，看起来好像是单磁极，这是因为它们的磁力线并没有折回太阳表面，无法约束等离子体。相反，这些线会向外延伸。等离子体沿着开放的磁力线逃逸到太空，这可能是磁重联过程的一部分。

图片来源（上图）：美国国家航空航天局，太阳动力学观测台

图片来源（下图）：欧洲航天局，美国国家航空航天局

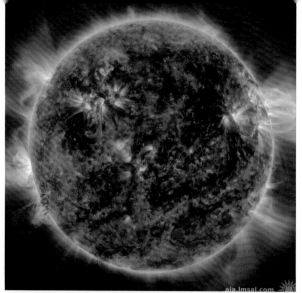

图片来源（上图）：美国国家航空航天局，太阳动力学观测台，欧洲航天局，太阳和日球层观测台，努内（Nune）

图片来源（下图）：美国国家航空航天局，太阳动力学观测台

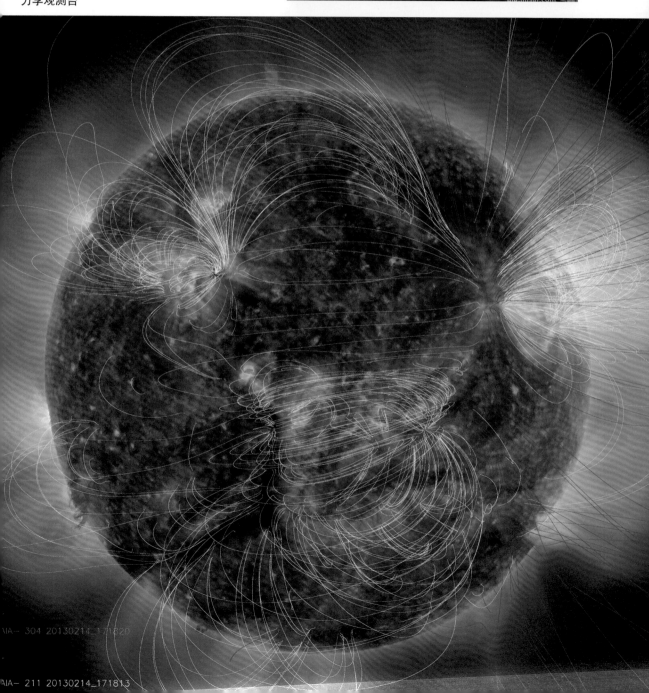

AIA- 304 20130214_171820

AIA- 211 20130214_171813

日食、月食和凌日现象

图片来源：美国国家航空航天局，国际空间站，欧洲航天局

图片来源：美国国家航空航天局

凌日和日食都是能够从地面上看到的天象。当月球运行到太阳与地球之间时就会发生日食。日食分为日全食、日环食和日偏食。当月球挡住太阳光时，就会产生一个长长的锥状本影。当本影投射到地球上（上图），截面积就非常小了，只有处于本影里的人们才能欣赏日全食天象（前页图）。月球的影子除了本影之外，还有截面积较大的半影，处于半影里的人们能欣赏到日偏食天象（右图）。

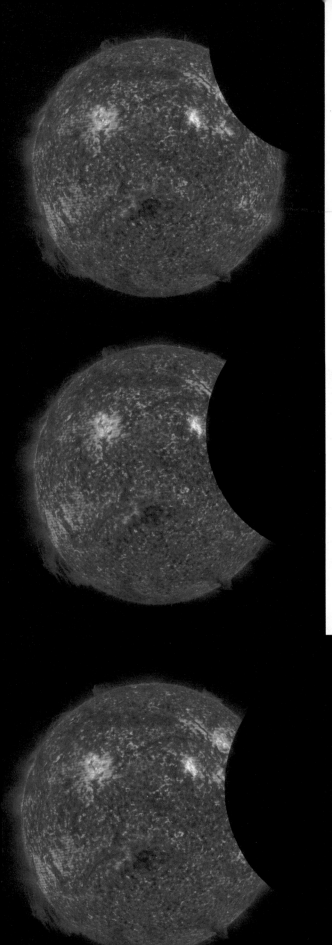

太阳动力学观测台看到的日食

　　这一系列图片都是由太阳动力学观测台卫星拍摄到的日偏食画面。这颗卫星位于地球同步轨道上，所以拍摄点不是在地球表面，而是在太空。画面中的这次日偏食持续了1小时41分钟。在日偏食期间，科学家利用月亮锐利的阴影校对了卫星上搭载的光学设备并提升了性能。这些图片其实都是在极紫外线波段下拍摄到的。

图片来源：美国国家航空航天局，太阳动力学观测台

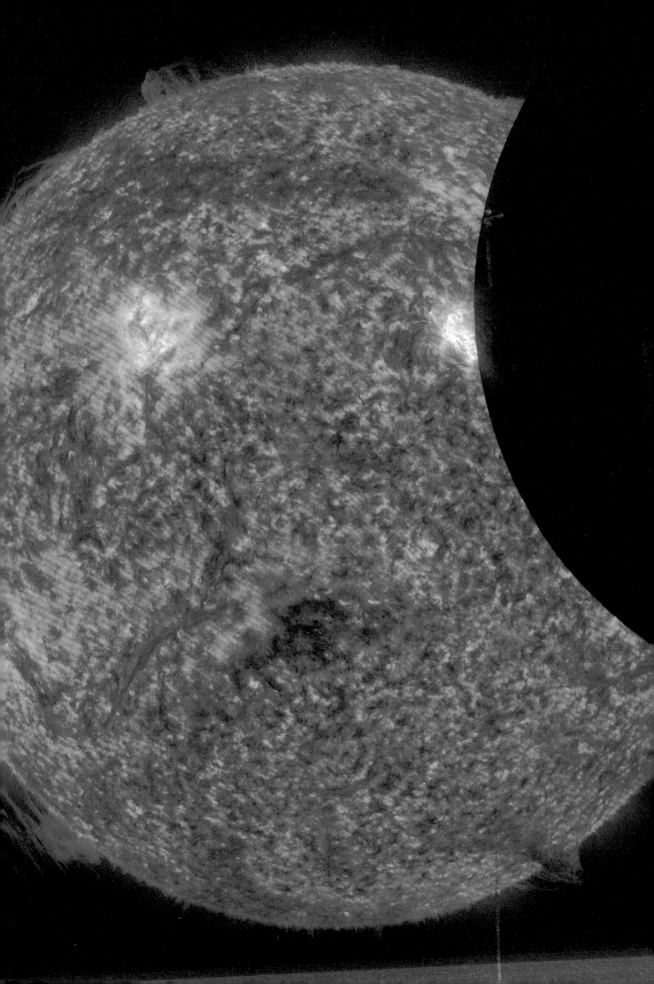

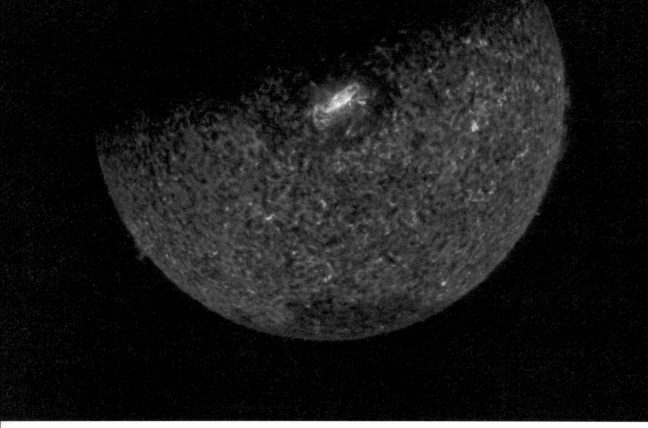

图片来源（本页、后页）：美国国家航空航天局，太阳动力学观测台

太阳动力学观测台视角下的日食

从地球上望去，当月球遮挡了太阳光就会发生日食现象。上图是从太阳动力学观测台卫星视角下看到的日食，这次遮挡太阳光的不是月球而是地球，拍摄日期是2018年2月11日。

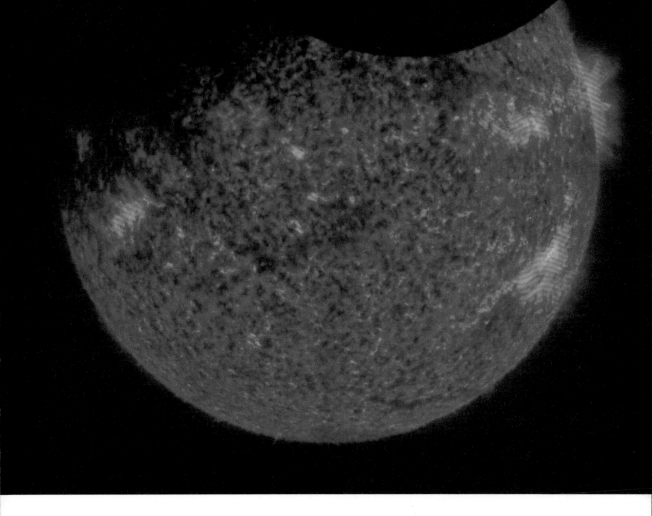

双日偏食景观

　　上图是由太阳动力学观测台于2016年9月1日拍摄的。如图所示，地球（左上）和月球（右上）同时遮挡了太阳，形成了双日偏食景观。在这张图中，月球的边缘比前页图中地球的边缘更清晰。

地球影子的模糊边缘

　　当地球遮挡太阳光时，其阴影边缘非常模糊，这是由于地球大气层散射阳光造成的。

图片来源（本页、后页）：美国国家航空航天局，太阳动力学观测台

太阳动力学观测台拍摄的首张日偏食

上面这幅月亮和太阳的图像是由太阳动力学观测台于2010年10月7日拍摄到的首张日偏食。

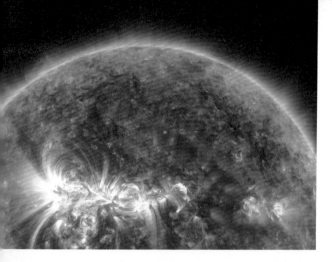

金星凌日

　　金星凌日实际上也是一种日食现象，只不过由于金星离地球较远，只能遮挡太阳盘面很小的一部分。2012年6月6日，发生了金星凌日现象。位于地球同步轨道上的太阳动力学观测台卫星拍摄到了这些金星凌日画面。后页上图显示了金星经过太阳表面的轨迹。

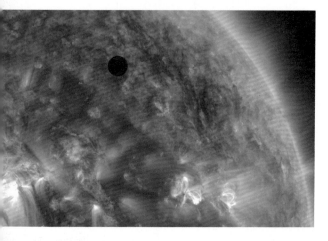

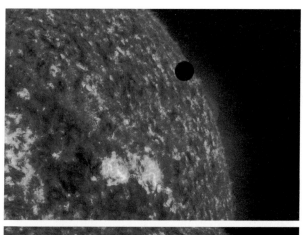

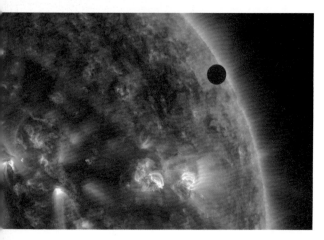

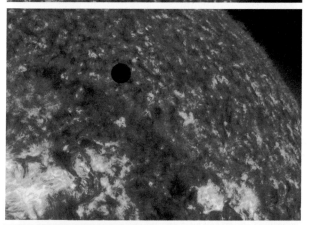

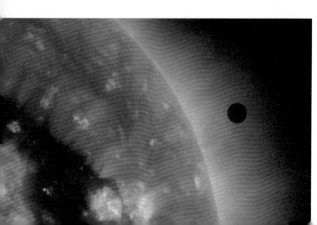

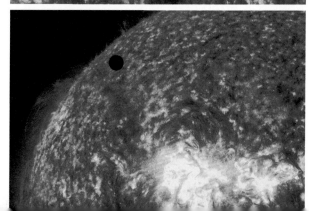

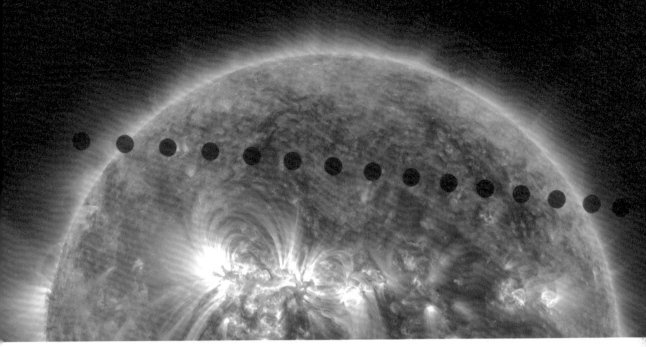

图片来源（前页、本页）：美国国家航空航天局，太阳动力学观测台

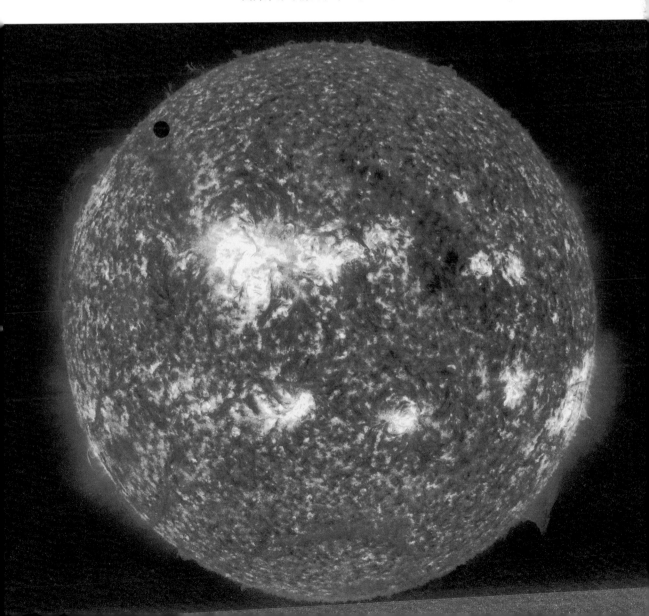

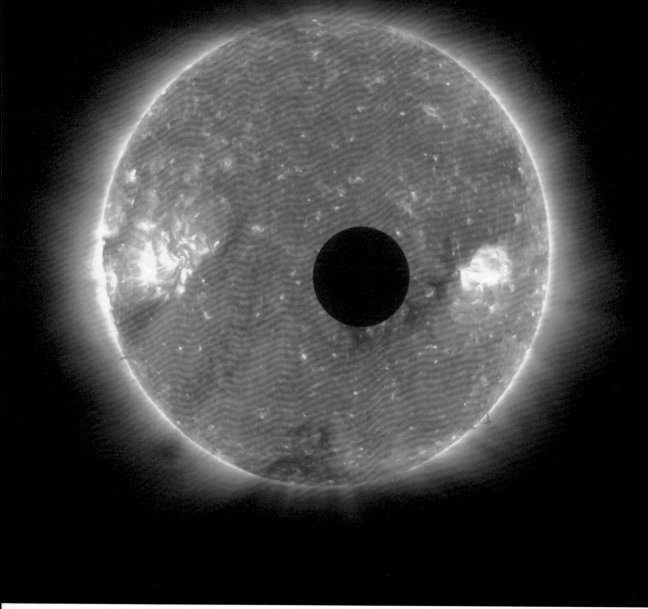

图片来源：美国国家航空航天局

月球凌日

上面这幅月球凌日的画面不是从地球上拍摄的，而是由美国国家航空航天局的日地关系观测台卫星（STEREO-B）拍摄到的，拍摄时间是2007年2月。从上图可见，月球并没有完全遮挡住太阳，这是因为该卫星到月球的距离是地月距离的4.4倍，这也使这幅图像变得独一无二。

彗星凌日

2013年11月27日，太阳和日球层观测台卫星拍摄到"艾森"大彗星（Comet ISON，下图）。图中的日冕仪用于遮挡太阳的强烈光线，只留下外缘的日冕，这样能够让我们看清太阳周围发生的现象。日冕仪的遮挡作用犹如发生了人工日全食。图中我们除了能看到右下方的彗星，还能看到日冕物质抛射现象。

图片来源：美国国家航空航天局，欧洲航天局，太阳和日球层观测台

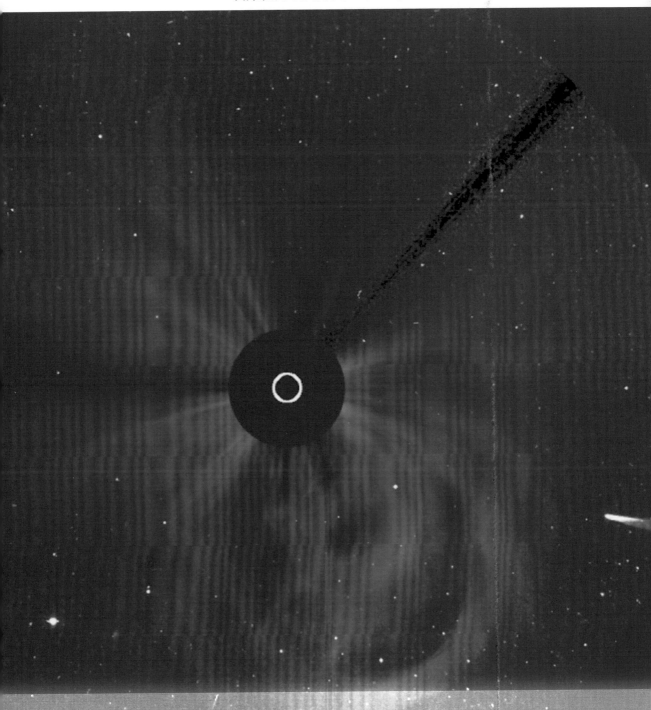

彗星和彗尾

彗星通常沿着椭圆形的轨道绕太阳运动，其近日点往往离太阳很近。当彗星向着太阳运动时，在阳光越来越强烈的照射下，它会不断升温并释放出气体等物质。这些气体物质会形成彗发和彗尾。

彗尾有两种类型：尘埃尾和气体尾。其中，尘埃尾是在太阳光压的作用下形成的，指向背离太阳的方向，并向彗星运动的相反方向弯曲；气体尾是在太阳风的作用下形成的，由于气体物质比较轻，径直指向背离太阳的方向。

2010年，美国国家航空航天局的"深击号"（EPOXI）任务探测器捕获到哈代二号彗星（Comet Hardey 2）的画面（下图），注意其喷射的气体。

彗星之死

掠日彗星（后页）的近日点非常靠近太阳，它们最终要么被太阳的潮汐力扯碎，要么被太阳的高温蒸发。

图片来源：美国国家航空航天局

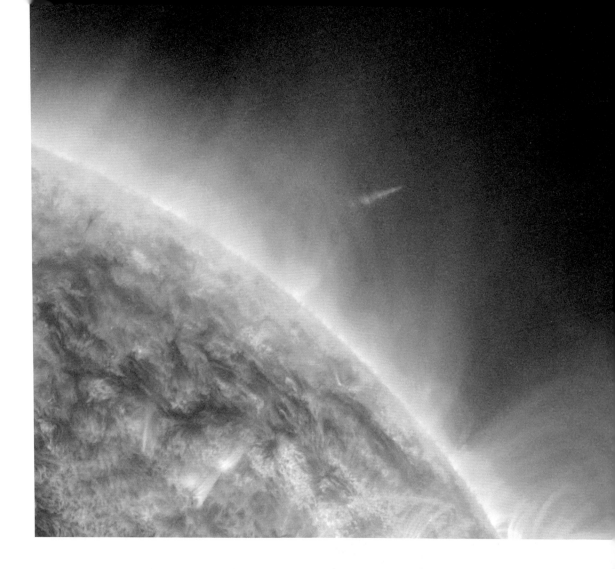

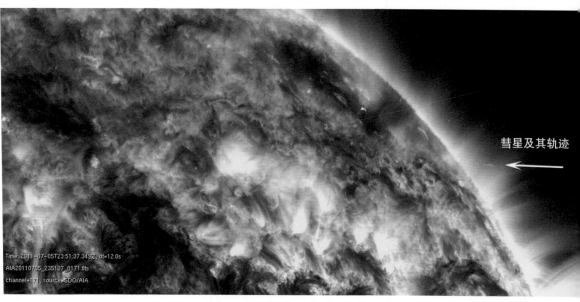

Time: 2011-07-05T23:51:37.349Z, dt=12.0s
AIA20110705_235137_0171.fits
channel=171, source=SDO/AIA

彗星及其轨迹

图片来源（本页）：美国国家航空航天局，太阳动力学观测台

空间天气

图片来源：美国国家航空航天局

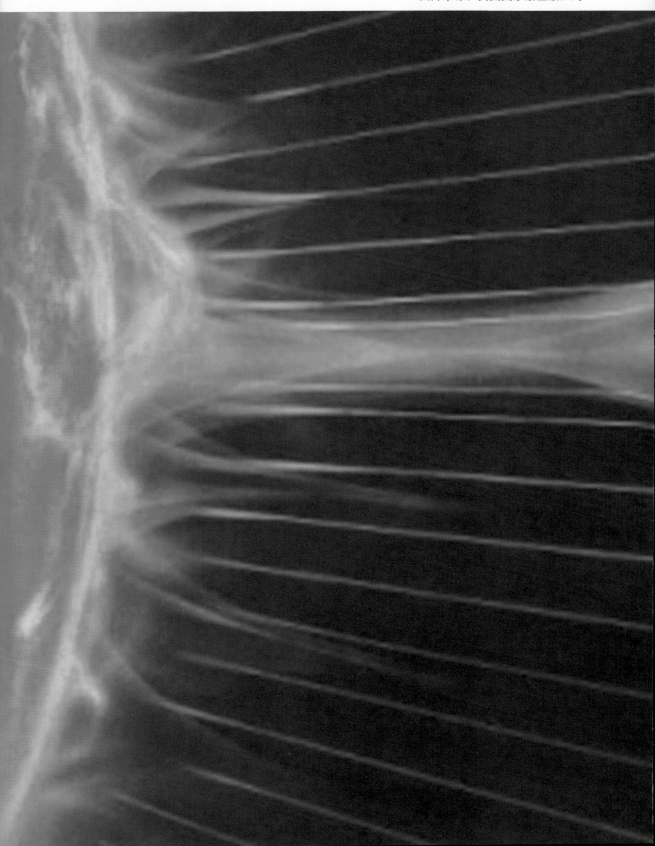

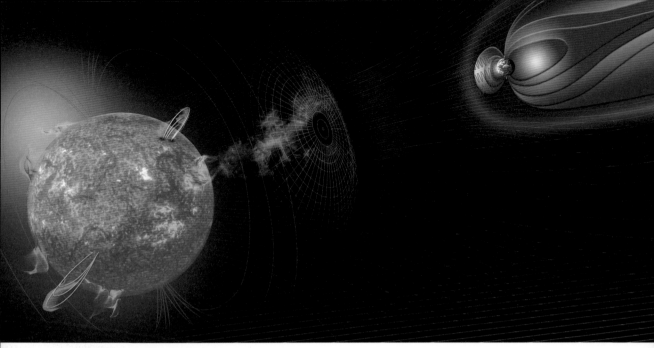

图片来源：美国国家航空航天局

太阳释放的能量影响着地球和人类的生产生活。空间天气预报和地球的天气预报一样，也非常重要。对空间天气进行预测，能够使我们提前准备应对坏天气的方案，避免危险或付出高昂的代价。

空间天气的成因

太阳耀斑和日冕物质抛射都可看作太阳上的巨大爆炸，都发生在磁重联之后。然而，耀斑和日冕物质抛射可以同时发生，但它们在传播和对地球影响方面是不同的。

从耀斑发出的光只需要8分钟就可抵达地球，因为它们以光速运行。一些被太阳耀斑加速的带电粒子也会在光之后很快抵达地球。

日冕物质抛射每次只向特定方向抛射日冕物质。这种物质中的粒子被磁化了，它们需要大约3天的时间才能抵达地球。

空间天气效应

耀斑爆发释放的能量会干扰地球大气层中的无线电波通信，可能会导致短暂的通信和导航信号中断。

太阳日冕物质抛射中的带电粒子被地球磁场俘获，沿着地球磁力线聚集到南北两

图片来源：美国国家航空航天局，国际空间站，宇航员斯科特·凯利（Scott Kelly）

极上空，这会产生壮观的极光。上图为从国际空间站上拍摄到的极光。

日冕物质抛射还会影响无线电通信和GPS定位，甚至导致输电系统过载和损坏电器设备。

美国国家航空航天局和空间天气

美国国家航空航天局解释说，空间天气是太阳发出的带电粒子和地球磁场共同作用的结果。我们再来看一下欧洲航天局对空间天气的定义："空间天气是指地球磁层、大气电离层和大气热层中的环境条件。空间天气对天基、地基的仪器设备以及人类的生产生活都会产生影响。"

空间天气研究的内容包括地球周边等离子体、磁场、太空辐射及它们对仪器设备造成的影响。空间天气主要受来自太阳的带电粒子的影响，也会受到宇宙射线的少许影响。

美国国家航空航天局的太阳动力学观测台卫星每秒拍摄一张太阳图像，记录空间天气数据。基于这些数据，空间天气预报才成为可能。

空间天气影响什么？

空间天气会影响电网系统、人造卫星、GPS、高频无线电系统并缩短通信电缆的使用寿命等。早在1847年人们就发现，每当明亮极光出现的时候电报系统就出故障。

1859年，发生过一次强烈的地磁暴事件——"卡林顿事件"。如果发生在当今电气化和信息化社会，其引发的危害会更加严重。比如，电网系统会受到冲击，电压和电流不稳造成变压器烧毁，导致大规模停电事故。

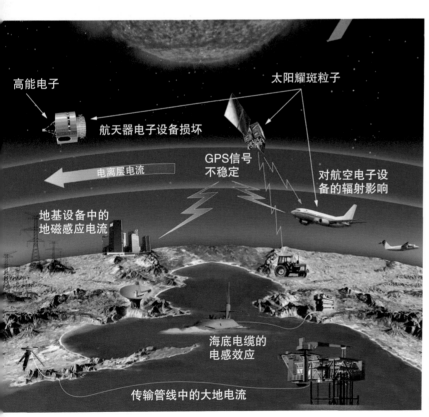

高能电子

太阳耀斑粒子

航天器电子设备损坏

电离层电流

GPS信号不稳定

对航空电子设备的辐射影响

地基设备中的地磁感应电流

海底电缆的电感效应

传输管线中的大地电流

图片来源：美国国家航空航天局

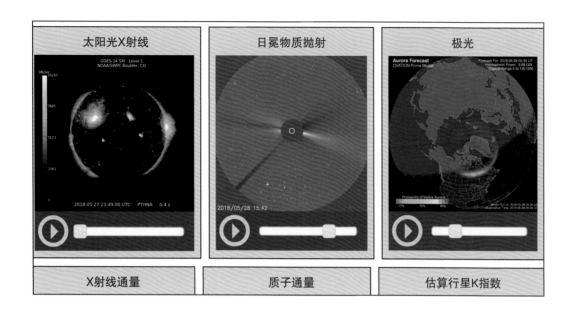

太阳光X射线	日冕物质抛射	极光
X射线通量	质子通量	估算行星K指数

加拿大在北极和北极附近有大量的土地。加拿大对空间天气的准备工作非常有代表性。为了应对空间天气，他们把国土划分为三个区域：亚极光区、极光区和极冠区。每个区域的活动级别从低到高分别为：安静、不稳定、活跃和磁暴。区域性预报是针对未来三小时的空间天气情况，每隔15分钟更新一次信息。

一旦预测了空间天气，就能最大程度降低恶劣空间天气对人类生产生活的影响，电网和通信公司就能提前做好应对冲击的准备。

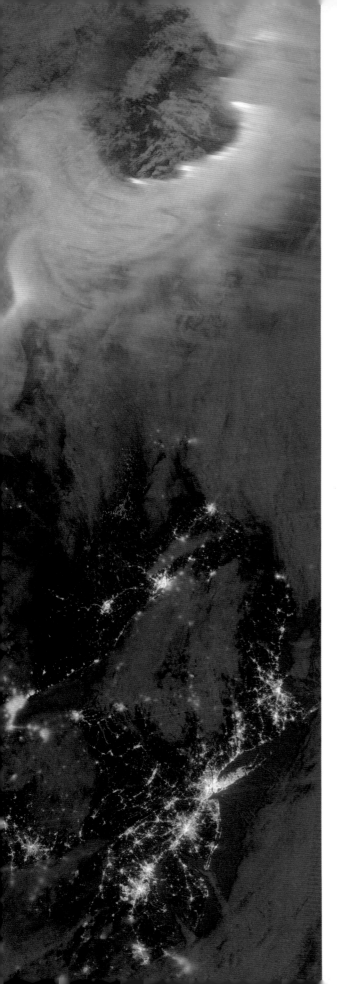

来自太阳等离子体的高能粒子

2012年10月4日至5日，在北美五大湖区上空发生了一次磁暴事件。北极光清晰可见。这是由事发三天前太阳上的一次日冕物质抛射引起的现象。

左图是由气象卫星（Suomi NPP VIIRS）拍摄的画面。

图片来源：美国国家航空航天局地球观测站（NASA Earth Observatory）。图片由杰西·艾伦（Jesse Allen）和罗伯特·西蒙（Robert Simmon）拍摄，使用来自索米国家极地轨道伙伴计划(Suomi NPP)和威斯康星大学社区卫星处理包（the University of Wisconsin's Community Satellite Processing Package）的VIIRS昼夜波段数据。"Suomi NPP"是美国国家航空航天局、美国国家海洋和大气管理局（National Oceanic and Atmospheric Administration）和美国国防部（Department of Defense）合作的

地球的磁层

磁层是包围天体的一个空间区域，在这个区域中带电粒子受其磁场的影响。地球也有这样一个磁层。在近地空间，地球的磁场是一个偶极场，这意味着磁力线构成连接南北两极的闭合环路。在远离地球的空间，磁力线被来自太阳的等离子体扭曲。

其他天体也拥有磁层，只是强度各不相同。行星的磁层能够保护其大气层少受太阳风的侵蚀。

范艾伦辐射带

范艾伦辐射带是围绕地球的一个空间区域，该区域充满了高能带电粒子。这些高能粒子大多数来自太阳风，少数来自太阳系外的宇宙射线。

这些高能带电粒子被地球磁场捕获并约束。范艾伦辐射带拦截了对生命有害的高能粒子抵达地面。

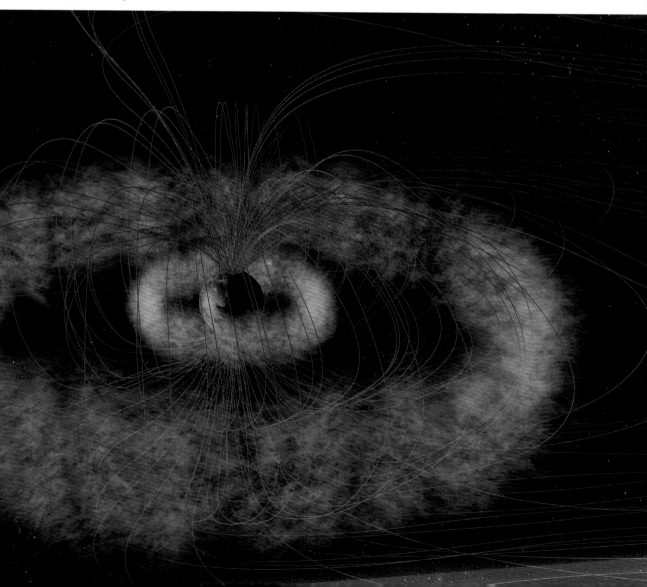

太阳的势力范围

八大行星及其卫星、矮行星、彗星以及小行星只是太阳系的一部分。我们好奇，太阳的势力范围究竟延伸到哪里？它的终点在哪里？星际空间从哪里真正开始？这些问题科学家们已经提出了很久。随着科技的进步，我们的观测设备越来越灵敏，能够看到更加遥远的太空。科学家通过观测其他类似太阳的恒星得到了很多关于太阳和太阳系演化的知识。这些恒星（后页）与太阳非常类似，我们可以看到其周围的区域与星际空间有一个分界线。

图片来源：美国国家航空航天局

图片来源：美国国家航空航天局，欧洲航天局和哈勃传承计划团队（The Hubble Heritage Team）

宇宙弓形激波

上图是猎户座星云中一颗名为"LLOrionis"恒星周围的弓形激波。右图是恒星"WR 31a"周围的激波。弓形激波是由高速的恒星风与相对较慢的星际介质相互作用形成的。科学家之前认为太阳日球层也有一个类似的弓形激波，但美国国家航空航天局的"星际边界探测器"在2012年观测表明，太阳日球层并不存在弓形激波。

太阳的影响范围

　　太阳对周围空间的影响范围远超海王星的运行轨道，海王星是太阳系中离太阳最远的一颗行星。有科学家认为，太阳造成的影响可延伸至奥尔特云内侧。奥尔特云被认为是某些非周期彗星的起源之处，这些彗星偶尔会来造访太阳。奥尔特云外侧的某处，太阳的引力与其他邻近恒星的引力旗鼓相当，太阳的影响到此结束。

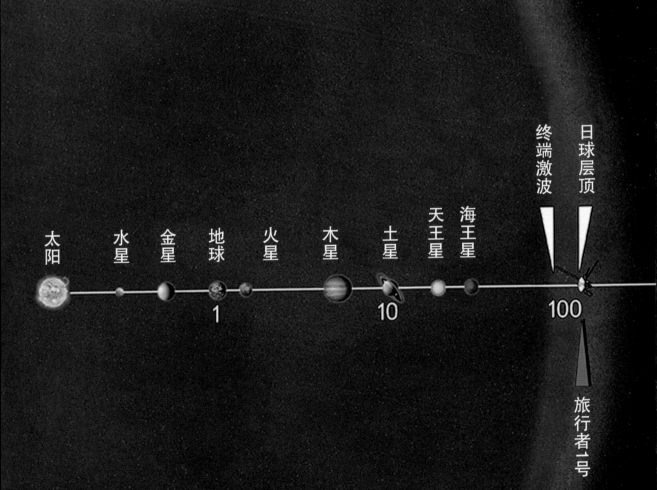

太阳　水星　金星　地球　火星　木星　土星　天王星　海王星　终端激波　日球层顶　旅行者一号

1　　10　　100

日球层　　星阳

遥远的距离

下图所示的距离是用天文单位（日地平均距离）作为长度单位表示的。从地球开始，后面每一个距离都是其前面距离的十倍。

星际介质

2012年，旅行者1号离开日球层进入星际空间。它是人类迄今最遥远的探测器。2018年，旅行者2号也离开日球层进入星际空间。

奥尔特云

AC +79 3888

半人马座α星

| 1,000 | 10,000 | 100,000 | 1,000,000 |

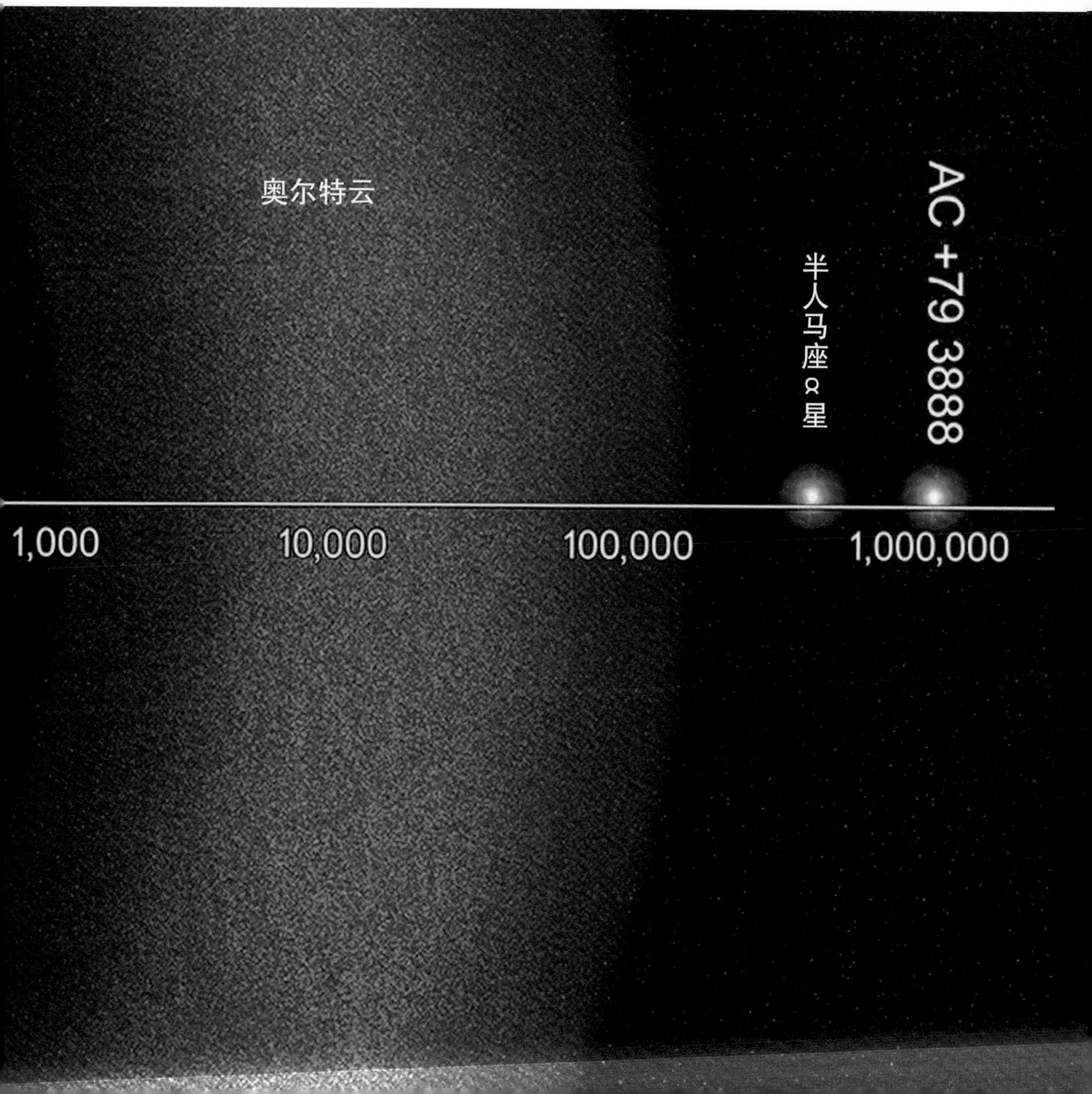

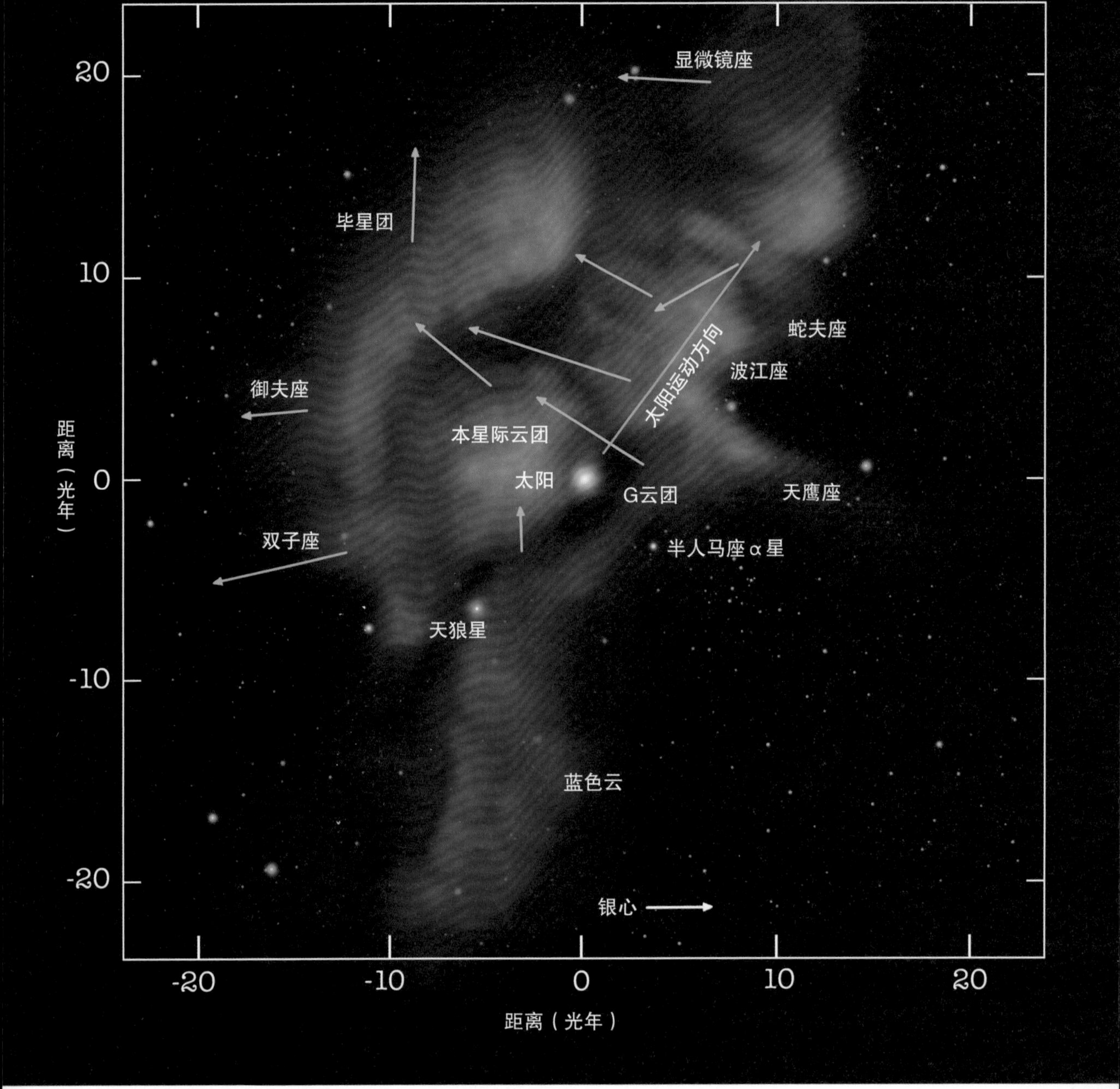
20
10
0
-10
-20
-20
-10
0
10
20
距离（光年）
距离（光年）
显微镜座
毕星团
蛇夫座
波江座
御夫座
太阳运动方向
本星际云团
太阳
G云团
天鹰座
双子座
半人马座α星
天狼星
蓝色云
银心

图片来源：美国国家航空航天局

银河系在旋转。在银河系内，太阳与周围的星际介质在做相对运动。目前，太阳正在穿越本星际云团，这个过程将持续一两万年。太阳风和日球层保护着地球在内的各大天体免受星际介质的影响。

太阳系的边缘极限

太阳风和星际介质相互作用形成一个边界层。星际介质通常由离子、原子、分子和尘埃等组成。

太阳风吹向四面八方，当它与星际介质相遇时就会产生一个泡状区域，该区域的边界称为日球层顶。太阳风和星际介质里的物质大都是带电粒子，这些带电粒子通常被约束在各自的磁场中。然而，还有一些中性的粒子能够穿越边界层，进入太阳系内部。

图片来源：美国国家航空航天局

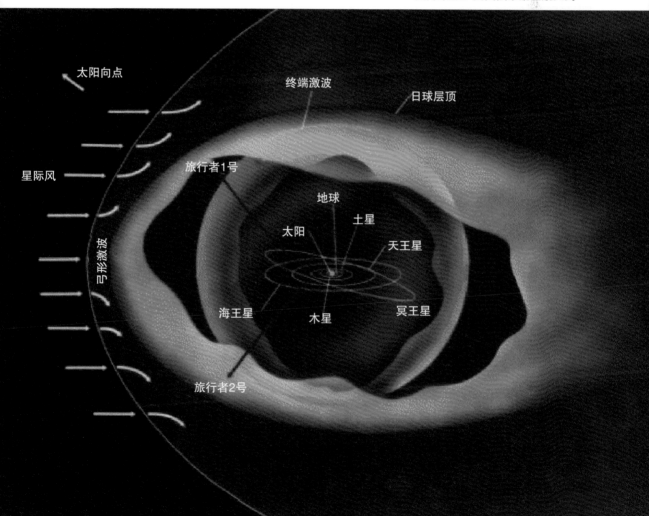

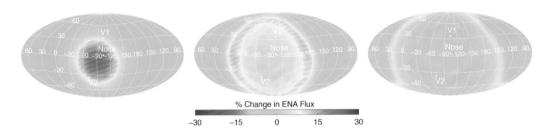

% Change in ENA Flux

-30　　-15　　0　　15　　30

日球层

旅行者1号、旅行者2号探测器以及星际边界探测器加深了我们对太阳和日球层的了解。

2014年，出现过一次太阳风突然增强的现象，上图模拟了太阳风增强后日球层的变化。埃里克·兹恩斯滕（Eric Zirnstein，美国西南研究院太空科学家）及其同事对这些探测器发回的数据进行分析，加深了我们对太阳系外缘上动力学过程的理解。

帕克太阳探测器

2018年，帕克太阳探测器发射升空。帕克探测器不畏太阳炽热的高温和强烈的辐射，能够最大限度靠近太阳并穿越低层日冕。该探测器将帮助我们更多地了解日冕加热机制和太阳风加速机制。

太阳的奥秘无穷，人类正慢慢揭开其神秘的面纱。

图片来源（本页）：美国国家航空航天局

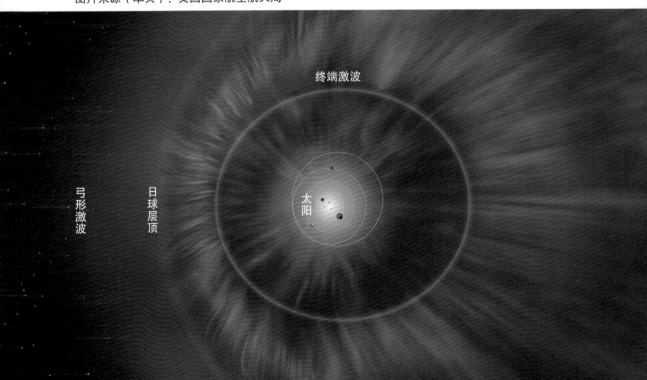

终端激波

弓形激波

日球层顶

太阳

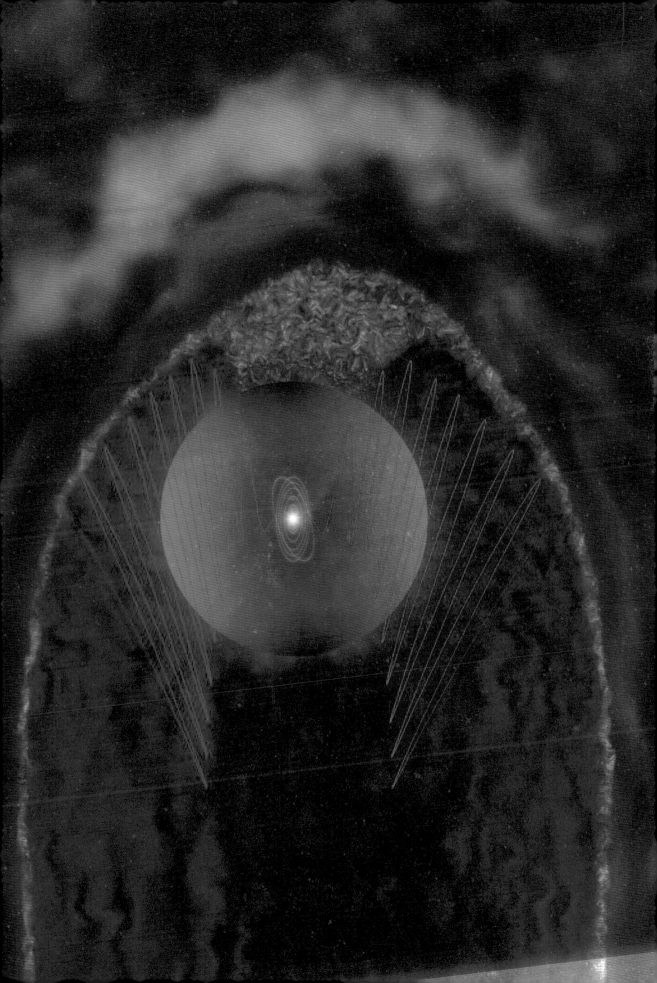